W0055591

V&R

Handlungskompetenz im Ausland

herausgegeben von
Alexander Thomas, Universität Regensburg

Vandenhoeck & Ruprecht

Iris Petzold
Nadja Ringel
Alexander Thomas

Beruflich in Japan

Trainingsprogramm für Manager, Fach- und Führungskräfte

2. Auflage

Vandenhoeck & Ruprecht

Die 8 Cartoons hat Jörg Plannerer gezeichnet.

Bibliografische Information der Deutschen Nationalbibliothek

Die Deutsche Nationalbibliothek verzeichnet diese Publikation in der
Deutschen Nationalbibliografie; detaillierte bibliografische Daten
sind im Internet über http://dnb.d-nb.de abrufbar.

ISBN 978-3-525-49061-7
ISBN 978-3-647-49061-8 (E-Book)

© 2013, 2005, Vandenhoeck & Ruprecht GmbH & Co. KG, Göttingen /
Vandenhoeck & Ruprecht LLC, Bristol, CT, USA
www.v-r.de
Alle Rechte vorbehalten. Das Werk und seine Teile sind urheberrechtlich
geschützt. Jede Verwertung in anderen als den gesetzlich zugelassenen
Fällen bedarf der vorherigen schriftlichen Einwilligung des Verlages.
Printed in Germany.
Satz: Satzspiegel, Nörten-Hardenberg
Druck und Bindung: ⊕ Hubert & Co., Göttingen

Gedruckt auf alterungsbeständigem Papier.

▓ Inhalt

»Was ist das für ein Volk? . . . Es trocknet sich mit feuchten Handtüchern ab, ißt seine Speisen kalt, trinkt seinen Wein heiß, schlürft die Suppe nach dem Essen und hängt Verkehrsampeln hinter den Kreuzungen auf; lächelt, wenn es traurig ist; nimmt nicht den Hut ab, sondern zieht die Schuhe aus; fürchtet sich nicht vor Abschluß-, sondern vor Aufnahme-examina . . . In Japan ist so vieles ganz anders als bei uns.«

(H.W. Vahlefeld 1969)

◼ Vorwort

Japan gehört ebenso wie Deutschland zu den führenden Industrienationen der Welt. Beide sind hinter den USA die wichtigsten Exportnationen und deshalb in vielen Geschäftsfeldern Konkurrenten, aber auch Kooperationspartner. Die deutsch-japanischen Beziehungen blicken auf eine lange Tradition zurück, und sie waren und sind geprägt von gegenseitiger Hochachtung und Wertschätzung. Für viele Deutsche steht Japan beispielhaft für Asien, repräsentiert also asiatische Kultur und Werte. Beide Gesellschaften haben sich im Laufe der Zeit auf künstlerischem, wissenschaftlichem, geistigem, aber auch auf technischem und wirtschaftlichem Gebiet gegenseitig bereichert und voneinander gelernt. Bei all den vielen Gemeinsamkeiten und Ähnlichkeiten, die Japaner und Deutsche aneinander entdeckten und wertschätzten, kam es auch immer wieder zu Irritationen, zu Ablehnung und zu Unvereinbarkeiten, die trotz intensiver Bemühungen nicht zu überbrücken waren.

Mit zunehmender Internationalisierung und Globalisierung ist die Zusammenarbeit zwischen Deutschen und Japanern auf wirtschaftlichem Gebiet enger und vielfältiger geworden. Dies hat zur Folge, dass bei deutsch-japanischen Wirtschaftsbeziehungen von beiden Seiten hohe Ansprüche an die fachliche, aber auch die sozial-kommunikative Kompetenz der beteiligten Personen gestellt werden. Die so wichtig gewordene überfachliche Schlüsselqualifikation »internationale Handlungskompetenz« hat besonders in den deutsch-japanischen Beziehungen eine zentrale Bedeutung. Auch in der wirtschaftlichen Zusammenarbeit erwarten Japaner und Deutsche voneinander nicht nur ein Mindestmaß an Freundlichkeit, Wohlwollen und Toleranz, sondern auch die Bereitschaft, den jeweiligen Partner und seine kulturspezifischen Orientierungen zu verstehen und ein gewisses Maß an Einfühlungsvermögen und Sensibilität für kulturell bedingt unterschiedliches Denken, Empfinden und Verhalten aufzubringen. Kurz gesagt: Die Partner erwarten ein hohes Maß an interkultureller Handlungskompetenz als Grundvoraussetzung für eine produktive wirtschaftliche Zusammenarbeit.

Interkulturelle Handlungskompetenz ist aber das Resultat eines Lern- und Entwicklungsprozesses und stellt sich nicht von selbst ein. Dieses Trainingsprogramm, speziell erarbeitet für deutsche Manager, Fach- und Führungskräfte, ist geeignet, sowohl im Selbststudium als auch in japanbezogenen Vorbereitungsseminaren interkulturelle Handlungskompetenz zu entwickeln. Anhand praxisnaher und zielgruppenspezifischer, alltäglicher Begegnungs- und Kommunikationssituationen zwischen Deutschen und Japanern kann eine Sensibilität für das kulturspezifische japanische Orientierungssystem, das für Japaner handlungswirksam ist, entwickelt werden. Zugleich erfahren die deutschen Leserinnen und Leser, welche kulturspezifischen Besonderheiten ihrer selbst in der Wahrnehmung, Beurteilung und Reaktion auf das Verhalten der Japaner wirksam werden. Im Vergleich und im Abwägen beider perspektivischer Reflexionen der interpersonalen deutsch-japanischen Begegnung werden die Grundlagen gelegt zur Entwicklung verständnisvoller und produktiver Verhaltensstrategien.

Wer sich nicht nur abstrakt-theoretisch mit der japanischen Kultur und ihren Besonderheiten beschäftigen will, sondern das Verhalten und die Denkweise der Japaner – besonders auch in der Zusammenarbeit mit Deutschen – verstehen und kompetent darauf reagieren will, findet in diesem Training genau das, was er sucht.

Alexander Thomas

■ Einführung in das Training

In Zeiten zunehmender wirtschaftlicher, politischer und sozialer Verflechtung von Gesellschaften finden immer mehr Menschen ihren Arbeitsplatz im Ausland, viele auch in Japan. Es gibt bereits mehr als 600 Unternehmen, die entweder von Deutschland aus mit japanischen Firmen zusammenarbeiten oder vor Ort eigene Standorte aufgebaut haben, an denen deutsche Fach- und Führungskräfte tätig sind.

Die Erfahrungen der letzten Jahre zeigen jedoch, dass Kooperationen mit japanischen Geschäftspartnern[1] nicht immer zufrieden stellend verlaufen und manchmal sogar scheitern. Zwar sind eine gute Produktpalette und umfangreiche Kenntnisse über die Investitionsbedingungen für den Geschäftserfolg in Japan entscheidend, aber sie sind nicht die einzigen Erfolgsfaktoren. Schwierigkeiten haben ihre Ursache sehr häufig in kulturellen Unterschieden wie einer anderen, erst einmal ungewohnten Geschäftsmentalität. Es müssen nicht nur Marketing und strategische Planung dem japanischen Markt angepasst werden, sondern auch der eigene Führungs- und Kommunikationsstil an das Verhalten der japanischen Geschäftspartner, Vorgesetzten, Mitarbeiter und Kollegen. Ohne eine konkrete Vorbereitung auf die japanische Kultur ist dies nur schwer und erst nach einem mehrjährigen Anpassungsprozess möglich. Um den Anpassungszeitraum zu verkürzen, soll Ihnen dieses Trainingshandbuch einen umfassenden Überblick zu den kulturellen Herausforderungen des japanischen Arbeitsalltags geben und erfolgreiche Hand-

---

1 Aus Gründen der Lesbarkeit verwenden die Autorinnen in diesem Trainingshandbuch nur die männlichen Bezeichnungen, auch wenn beide Geschlechter gemeint sind.

lungsstrategien vermitteln. Auf den folgenden Seiten erhalten Sie die wesentlichen Informationen, die Sie für die Bearbeitung des Trainings benötigen.

■ Was verbirgt sich hinter dem Begriff »Kultur«?

Eine Kultur kann nicht nur auf Architektur, Kunstwerke oder traditionelle Bräuche reduziert werden, die einem Besucher als Erstes auffallen, wenn er ihr begegnet. Eine Kultur beeinflusst vor allem die Wahrnehmung, das Denken, Werten und Handeln ihrer Mitglieder. In jeder Kultur haben sich im Lauf ihrer Entwicklung bestimmte Strukturen, Regeln, Werte und Normen herausgebildet, die ein relativ reibungsloses Zusammenleben gewährleisten sollen. Die Mitglieder orientieren sich in ihrem Verhalten an diesen bewährten Regeln. Eine Kultur kann daher als eine Art allumfassendes Orientierungssystem bezeichnet werden. Die Mitglieder der Kultur orientieren sich an den kulturellen Regeln und Erwartungen nicht nur, wenn sie ihre eigenen Ziele definieren und ihre eigenen Handlungen bewerten, sondern auch, wenn sie Erwartungen an das Verhalten ihrer Gesprächspartner oder an eine Situation richten. Was als richtig, normal, angemessen oder als falsch, provokant oder abnorm empfunden wird, hängt im Wesentlichen von der eigenen Kultur ab.

Kinder lernen die Regeln, Werte und Normen ihrer Kultur schon frühzeitig kennen und verinnerlichen sie im Lauf ihrer Sozialisation. Als Erwachsenen ist uns unsere kulturelle Prägung schließlich kaum noch bewusst, und wir betrachten es als selbstverständlich, in einer Situation ein bestimmtes Verhalten zu zeigen, das nicht zwangsläufig auch in einer anderen Kultur als normal gilt. Durch diese Selbstverständlichkeit wird für uns auch das Verhalten anderer Personen berechenbarer. Natürlich gibt es auch innerhalb einer Kultur Unterschiede in den Werten, Normen und Verhaltensregeln, die für eine gewisse Unberechenbarkeit sorgen. Aber trotz unterschiedlicher Subkulturen (z. B. in Deutschland Ost- und Westdeutsche, Punks etc.) stellt die Kultur eine gemeinsame Basis dar, auf der Verständigung möglich ist.

▓ Was geschieht, wenn sich Mitglieder verschiedener Kulturen begegnen?

Wenn sich Mitglieder zweier Kulturen begegnen, so treffen auch zwei Orientierungssysteme aufeinander, wobei jeder sein eigenes Orientierungssystem zuerst einmal für das normale und »richtige« hält. Jeder orientiert sich also an den eigenen Werten, Normen und Erwartungen und zeigt damit in den Augen des Gesprächspartners aber möglicherweise ein ganz unangemessenes Verhalten. Sind die beiden Orientierungssysteme sehr unterschiedlich, fällt es beiden Personen schwer, die Signale des anderen zu verstehen. Das Verhalten des anderen erscheint ihnen unverständlich oder überraschend, weil es nicht dem gewohnten und erwarteten Verhalten in dieser Situation entspricht. Die Gesprächspartner missverstehen sich, sind frustriert und brechen im Extremfall sogar die (Geschäfts-)Beziehung ab, denn viele Personen neigen dazu, die Ursache für Kommunikationsprobleme bei ihrem Gesprächspartner zu sehen. Sie ziehen voreilige Schlüsse oder bilden Vorurteile, zum Beispiel über »die Japaner, die nur für ihre Firma leben«, weil sie auch abends um zehn noch im Büro sitzen.

Treten wiederholt Missverständnisse auf, so reagieren die meisten Personen schließlich verunsichert, weil ihr Orientierungssystem angesichts der fremden Kultur zu versagen scheint. Dieses Phänomen bezeichnet man als Kulturschock. Um einen Kulturschock zu vermeiden oder zumindest abzuschwächen, kann man sich das eigene Orientierungssystem bewusst machen und das fremde kennen und akzeptieren lernen. Dies kann durch ein interkulturelles Training erreicht werden.

▓ Der theoretische Hintergrund des Trainings

Dieses interkulturelle Training ist ein Orientierungstraining, das innerhalb kurzer Zeit effektiv auf eine andere Kultur vorbereitet. Es ist als Buch konzipiert, das Sie selbstständig und in Ihrem eigenen Tempo lesen und bearbeiten können. Sie erwerben dabei anhand von Fallbeispielen nach und nach Wissen über das japanische Orientierungssystem.

Das Training basiert im Wesentlichen auf dem theoretischen Konzept der Kulturstandards. Kulturstandards sind zentrale Merkmale eines kulturellen Orientierungssystems. Sie sind die bestimmten *Arten des Wahrnehmens, Denkens, Wertens und Handelns*, die von den meisten Mitgliedern einer Kultur als *selbstverständlich, typisch und verbindlich* angesehen werden. Individuelle Abweichungen von diesen Kulturstandards, der Norm, sind sehr häufig, werden von der Gesellschaft aber nur bis zu einem gewissen Grad toleriert. Wie tolerant eine Gesellschaft auf Abweichungen reagiert, hängt einerseits von ihrer generellen Toleranz und andererseits von der Wichtigkeit des Kulturstandards ab.

Die Beschreibung einer Kultur anhand von Kulturstandards führt notwendigerweise zu einer Vereinfachung, da Kulturstandards nur das typische Verhalten und nicht jedes mögliche japanische Verhalten darstellen und erklären können. Dies sollten Sie beim Lesen im Hinterkopf behalten.

Das Training basiert zusätzlich zum Konzept der Kulturstandards auf der Annahme, dass Menschen ständig versuchen, sich das Verhalten ihrer Mitmenschen zu erklären und Ursachen dafür zu finden. In unserer eigenen Kultur verstehen wir die Regeln (Kulturstandards), nach denen eine Person mehr oder weniger handeln *muss*, damit sie von der Gesellschaft nicht schief angesehen wird. In einer fremden Kultur kennen wir diese Regeln zunächst nicht und sind uns häufig noch nicht einmal bewusst, dass es für die Situation fremde Verhaltensregeln geben könnte. Daher nehmen wir in kritischen Situationen häufig an, dass die fremdkulturelle Person deshalb ein so unerwartetes oder seltsames Verhalten zeigt, weil sie es so *will* und nicht, weil sie es tun *muss* – weil es in ihrer Kultur zum guten Ton gehört, sich so zu verhalten. Sieht man die Ursache für das Verhalten immer nur in den handelnden Personen begründet und nicht auch in deren Kultur, so kann dies zur Bildung von Vorurteilen führen.

▨ Wie wurde das Training entwickelt?

Die Fallbeispiele für das Training wurden aus Interviews mit deutschen Fach- und Führungskräften in Japan gewonnen. Die

Deutschen wurden nach Situationen gefragt, in denen das Verhalten ihrer japanischen Gesprächspartner unerwartet oder unverständlich für sie war. Diese Situationen wurden anonymisiert und Experten vorgelegt, die in beiden Ländern gelebt haben und sich entweder wissenschaftlich mit dem deutsch-japanischen Kulturvergleich befassen oder im Bereich interkultureller Kommunikation tätig sind. Die Experten erklärten für jede Situation schriftlich das Verhalten der japanischen Kommunikationspartner vor dem Hintergrund der japanischen Kultur. Ihre Antworten wurden inhaltlich ausgewertet und mit Forschungsergebnissen aus der aktuellen japanologischen Literatur ergänzt, um das Training und die japanischen Kulturstandards zu entwickeln.

Dieses interkulturelle Training ist nur für die Vorbereitung von Mitgliedern einer *bestimmten* Ausgangskultur auf eine *bestimmte* Zielkultur geeignet. Für diesen Band wurden Deutsche zu Missverständnissen mit Japanern befragt, und daraus wurden entsprechende Kulturstandards generiert. Amerikaner, Franzosen oder Inder hätten womöglich ganz andere Missverständnisse mit Japanern berichtet, was zu anderen Kulturstandards und damit zu einem anderen Trainingsinhalt geführt hätte.

■ Was sind die Ziele des Trainings?

Das Training soll Sie auf das Leben und Arbeiten in Japan vorbereiten. Anhand von Fallbeispielen lernen Sie, typische Kommunikationssituationen aus der japanischen Perspektive zu betrachten. Durch die Reflexion darüber, wie Sie sich als Deutscher in einer ähnlichen Situation verhalten hätten, werden Sie sich Ihres eigenen Orientierungssystems bewusst. Sie erhalten Lösungshinweise für interkulturelle Problemsituationen und erweitern damit Ihr Handlungswissen. Die Bearbeitung der Fallbeispiele wird Ihnen dabei helfen, eigene ähnliche Erfahrungen bei der Zusammenarbeit mit Japanern besser zu verstehen und zukünftige, neue Erfahrungen leichter einzuordnen. Die Bearbeitung des Trainings verkürzt und erleichtert Ihnen so die Eingewöhnungsphase in Japan. Sie kann einem Kulturschock vorbeugen oder ihn abschwächen und effizientes Handeln in der japanischen Kultur ermöglichen.

Das Training soll deutlich machen, dass es keine »besseren« oder »schlechteren« Kulturen gibt, sondern dass sich jede Kultur an ihre eigenen Umwelt- und Gesellschaftsbedingungen erfolgreich angepasst hat. Das Training soll Vorurteile abbauen und durch gerechtfertigte wissenschaftlich fundierte Stereotype ersetzen. Stereotype sind notwendig, damit Menschen sich in ihrer komplexen Umwelt schnell zurechtfinden und handeln können. Sie sind Abstraktionen, die auf nachprüfbaren, wiederholten und sachlichen Beobachtungen basieren. Vorurteile hingegen beruhen auf nicht nachprüfbaren Inhalten, häufig auf der Verallgemeinerung von Einzelfällen und der Überbetonung von Nebenaspekten. Sie gehen mit der Abwertung oder Ablehnung fremdkultureller Verhaltensweisen einher und erschweren daher eine effiziente interkulturelle Kommunikation.

◾ Wie ist das Training aufgebaut?

Das Training ist so aufgebaut, dass Sie sich die Inhalte im Selbststudium aneignen können. Um den größtmöglichen Nutzen daraus zu ziehen, sollten Sie die einzelnen Trainingsabschnitte nacheinander und vollständig bearbeiten. Sollten Sie als Kommunikationstrainer tätig sein, können Sie diesen Band auch im Rahmen eines Gruppentrainings einsetzen und verschiedene Aspekte der Fallbeispiele in Rollenspielen darstellen lassen. Im Rollenspiel fällt es den Teilnehmern leichter, sich in die Situationen hineinzuversetzen, und die erlebten Gefühle können hinterher mit der Gruppe und dem Trainer besprochen werden.

Das Training besteht aus acht Abschnitten, in denen jeweils ein Kulturstandard dargestellt wird. Da die Trainingseinheiten aufeinander aufbauen, kann das bereits Erlernte in den nachfolgenden Abschnitten angewendet werden. Jeder Trainingsabschnitt besteht aus einer oder mehreren kritischen Begegnungssituationen zwischen Deutschen und Japanern. Am Ende des jeweiligen Abschnitts wird der Kulturstandard beschrieben, der den geschilderten Situationen zugrunde liegt. Nach der letzten Trainingseinheit werden die Kulturstandards kurz zusammengefasst und ihre Zusammenhangsstruktur wird dargestellt. Den Abschluss des Bandes bilden allgemeine Ratschläge zum Leben und Arbeiten in Japan und Hinweise zu weiterführender Literatur.

▪ Wie gehe ich bei der Bearbeitung des Trainings am besten vor?

1. Beginnen Sie mit dem ersten Trainingsabschnitt und lesen Sie sich die erste Situation aufmerksam durch. Überlegen Sie, wie Sie sich selbst die Situation erklären.
2. Wenn Sie für sich eine Erklärung gefunden haben, lesen Sie die vier Antwortalternativen durch. Überlegen Sie bei jeder Alternative, wie gut sie Ihrer Meinung nach die Situation erklärt. Kreuzen Sie auf der entsprechenden Skala an, wie zutreffend Sie die jeweilige Antwort finden. Manchmal gibt es mehrere passende Erklärungen für eine Situation.
3. Blättern Sie nun weiter zu den Erläuterungen. Diese geben Ihnen eine Rückmeldung zu jeder Antwortalternative. Vergleichen Sie, ob Ihre Einschätzung mit den aus japanischer Sicht kulturadäquaten Antworten übereinstimmt. Einige Antwortalternativen erklären die Situation nur teilweise oder gar nicht; es gibt aber bei jeder Situation mindestens eine Antwortalternative, die das Verhalten aus japanischer Sicht zutreffend erklärt.
4. Nachdem Sie die Situation bearbeitet haben, erhalten Sie Vorschläge (Lösungsstrategien), wie Sie sich in ähnlichen Situationen verhalten könnten. Diese Vorschläge sollen als Anregung dienen, nicht als strikte Verhaltensrichtlinie.
5. Bearbeiten Sie in der beschriebenen Weise alle Situationen eines Trainingsabschnitts der Reihe nach. Am Ende des Trainingsabschnitts wird der Kulturstandard erklärt, der den Situationen zugrunde liegt, und seine kulturhistorischen Hintergründe werden erläutert. Gehen Sie dann zum nächsten Trainingsabschnitt über.

▪ Was muss ich außerdem beachten?

Da im Training nur konfliktreiche Begegnungen geschildert werden, kann der Eindruck entstehen, das Leben und Arbeiten in

Japan sei in erster Linie problematisch. Dem ist natürlich nicht so. In einem Training ist lediglich eine Beschränkung auf die Situationen nötig, für die ein besonderer Übungsbedarf besteht, und das sind nun einmal vornehmlich konfliktreiche Situationen. Sehen Sie die Fallbeispiele im Training daher nur als einen kleinen Ausschnitt aus dem Leben in Japan.

Bei einigen Situationen werden Sie möglicherweise denken, dass mancher Deutsche sich genauso verhalten würde wie der japanische Kommunikationspartner im Beispiel. Die Situation wurde dann in diesem Fall aber geschildert, weil der entsprechende Kulturstandard in Japan wesentlich stärker ausgeprägt ist als in Deutschland.

Es soll noch einmal darauf hingewiesen werden, dass die beschriebenen japanischen Denk- und Verhaltensmuster zwar *typische* Muster sind, aber keineswegs das gesamte Spektrum japanischen Verhaltens abbilden können, da es sowohl sehr traditionelle als auch sehr westlich geprägte Japaner gibt. Nicht jeder Japaner, der Ihnen begegnet, wird typische japanische Verhaltensweisen zeigen. Eine Situation, die einem Beispiel aus dem Training ähnelt, kann deshalb auch ganz anders verlaufen. Entscheidend ist, dass Sie flexibel auf das Verhalten Ihres Gegenübers reagieren und sich vergegenwärtigen, dass Ihre Interaktionspartner trotz ihrer kulturellen Prägung einzigartige Individuen sind.

Die japanische Gesellschaft verändert sich seit dem Ende des 20. Jahrhunderts sehr rasch. Doch obwohl Japan im Vergleich zu anderen asiatischen Ländern auf den ersten Blick fast als ein »westliches« Land erscheint, sind die traditionellen japanischen Werte und Normen noch immer wirksam und gültig. Kulturstandards ändern sich zwar, aber nur sehr langsam und über mehrere Generationen hinweg. Dennoch sollten Sie sich stets bewusst machen, dass sie keine festgeschriebenen Regeln des Zusammenlebens bilden und Ihnen daher vor allem in Subkulturen oder jungen, wenig traditionellen Branchen eine große Bandbreite an Verhaltensweisen begegnen kann.

Wir wünschen Ihnen bei der Bearbeitung des Trainings viel Spaß und Erfolg!

▊ Themenbereich 1:
Konsensorientierung

▊ Beispiel 1: Die lange Besprechung

▊ Situation

Herr Schmidt arbeitet seit einigen Jahren als Leiter der Abteilung für Forschung und Entwicklung einer großen deutschen Firma in Japan. Der Marketingleiter Herr Takahashi, der Verkaufsleiter Herr Sumamoto und er sitzen beisammen und reden über die Freigabe eines neuen Produkts. Die Besprechung dauert schon drei Stunden, aber aus der Sicht von Herrn Schmidt haben die beiden Kollegen bezüglich der Produktfreigabe noch immer keine klare Aussage getroffen. Sie schweifen ständig vom Thema ab und reden sogar noch einmal über Dinge, die schon längst in den letzten Sitzungen entschieden worden sind. Sie beleuchten ausführlich das gesamte Umfeld und lassen sich Zeit mit einer Entscheidung. Nach vier Stunden treffen sie endlich eine Absprache zu der Produktfreigabe und das Meeting wird beendet. Herr Schmidt ist trotzdem unzufrieden. Die Vereinbarungen sind nicht so konkret, wie er es erwartet hat, und dazu hat alles auch noch so lange gedauert. Er meint, dass man in Deutschland viel konkretere Ergebnisse in viel kürzerer Zeit erreichen könnte.

Warum ist die Besprechung so lang und – in den Augen von Herrn Schmidt – so ineffizient?

– Lesen Sie nun die Antwortalternativen nacheinander durch.
– Bestimmen Sie den Erklärungswert jeder Antwortalternative für die gegebene Situation und kreuzen Sie ihn auf der darunter befindlichen Skala an. Es ist möglich, dass mehrere Antwortalternativen den gleichen Erklärungswert besitzen.

▨ Deutungen

a) Die beiden Japaner wollen alles ganz genau besprechen, damit sie keine falsche Entscheidung treffen.

sehr zutreffend	eher zutreffend	eher nicht zutreffend	nicht zutreffend

b) In offiziellen Meetings werden selten konkrete Entscheidungen getroffen, sondern eher bei informellen Treffen.

sehr zutreffend	eher zutreffend	eher nicht zutreffend	nicht zutreffend

c) Die beiden Japaner wollen unbedingt einen Konsens finden. Sie brauchen Zeit, damit sie zu allen Aspekten des Problems ihre Meinung äußern und sich einigen können.

sehr zutreffend	eher zutreffend	eher nicht zutreffend	nicht zutreffend

d) Die Japaner wollen sichergehen, dass Herr Schmidt alles richtig verstanden hat. Deswegen wiederholen sie ab und zu alte Inhalte.

sehr zutreffend	eher zutreffend	eher nicht zutreffend	nicht zutreffend

– Versuchen Sie, Ihre Einstufung jeder Antwortalternative zu begründen. Halten Sie die Begründung in schriftlicher Form stichpunktartig fest.
– Lesen Sie nun die Erläuterungen zu jeder Antwortalternative durch und vergleichen Sie diese mit Ihren eigenen Begründungen.

◼ Bedeutungen

Erläuterung zu a):
Es ist richtig, dass Japaner häufig größeren Wert auf Details legen als Deutsche. Für die beiden japanischen Abteilungsleiter im Beispiel ist es besonders wichtig, die potenziellen Risiken der Produkteinführung abzuschätzen und mögliche Probleme vorauszusehen. Je wichtiger eine Entscheidung ist, desto genauer muss dies geschehen. Auch bereits getroffene Entscheidungen werden dabei noch einmal hinterfragt, wenn sich die Rahmenbedingungen geändert haben. In der geschilderten Situation spielt die Angst, eine falsche Entscheidung zu treffen, allerdings nur eine untergeordnete Rolle. Eine andere Antwort trifft stärker zu.

Erläuterung zu b):
In japanischen Firmen ist es häufig so, dass zur Entscheidungsfindung mehrere Meetings benötigt werden und eine Entscheidung in offiziellen Gesprächen nur noch »abgenickt« wird, weil sie bereits zwischen den formellen Meetings getroffen wurde. Die Teilnehmer offizieller Besprechungen holen in informellen Gesprächen die Meinung ihrer Mitarbeiter und Kollegen zu den anstehenden Entscheidungen ein und versuchen hier schon, einen Konsens zu bilden. Da es sich in der Beispielsituation um eine Besprechung eher informellen Charakters handelt, trifft diese Antwort nur teilweise zu.

Erläuterung zu c):
Es ist in Japan außerordentlich wichtig, einen Konsens herzustellen, bevor eine Entscheidung getroffen wird, da man die harmonischen Beziehungen in der Firma nicht gefährden möchte. Dafür werden auch mehrere lange Meetings in Kauf genommen. Jeder soll die Gelegenheit erhalten, seine Meinung zu äußern und in die Entscheidung einzubringen. Für die beiden japanischen Abteilungsleiter ist die Besprechung deshalb sicherlich zufrieden stellend verlaufen, denn sie konnten sich umfangreich und auf eine vorsichtige Art und Weise über viele Dinge verständigen. Das von Herrn Schmidt bemängelte Besprechen alter, bereits entschiedener Inhalte dient dabei häufig der Herstellung eines har-

monischen Grundtons. Man redet viel über Dinge, bei denen man sich einig ist, und betont die Ähnlichkeiten der verschiedenen Standpunkte, um eine positive Stimmung für die Besprechung heikler Themen zu schaffen. Zwar benötigt die Konsensbildung mehr Zeit als die »deutsche« Mehrheitsentscheidung, aber die »japanische Art« bietet den Vorzug, dass in der Umsetzung seltener Widerstände von Seiten der Mitarbeiter auftreten.

Erläuterung zu d):

Diese Antwort trifft nicht zu. Eher lässt sich das Zurückkommen auf alte Sachverhalte mit den in den Erläuterungen a) und c) beschriebenen Bedürfnissen nach Risikoabschätzung und harmonischer Übereinstimmung erklären.

▨ Lösungsstrategie

Herr Schmidt sollte sich in Geduld üben und akzeptieren, dass man in Japan für Entscheidungsprozesse viel Zeit einplanen muss. Er kann versuchen, die Konsensfindung im Meeting zu beschleunigen, indem er sich schon vorher einmal mit Herrn Sumamoto oder Herrn Takahashi allein über die Produktfreigabe unterhält. Dafür bieten sich auch die in Japan üblichen gemeinsamen Barbesuche mit den Kollegen an, bei denen man durchaus schon einmal vorsichtig deren Meinung sondieren kann.

▨ Beispiel 2: Die Werbebroschüre

▨ Situation

Herr Heilmann leitet die Marketingabteilung in der Tokioter Niederlassung eines internationalen Konzerns. Er hat seinen Produktmanager Herrn Kono damit beauftragt, eine Informationsbroschüre über das neueste Produkt zu erstellen. Herr Kono legt ihm einen innovativen Entwurf vor, der nur noch von einigen anderen Abteilungen – zum Beispiel der Rechtsabteilung – akzeptiert werden muss. Leider gestalten sich die Absprachen mit diesen Abteilungen schwierig. Häufig bekommt Herr Kono zu hören, dass man die Produktbroschüren doch noch nie so gemacht habe. Die anderen Abteilungen haben so viele Einwände, dass sich die Broschüre immer mehr verändert. Als Herr Kono Herrn Heilmann die Endfassung vorlegt, ist jener entsetzt, denn seines Erachtens ist die Broschüre nun nur noch mittelmäßig. Herr Kono äußert, er sei auch nicht glücklich mit dem Resultat, aber er könne nichts dafür. Die anderen Abteilungen hätten bestimmte Dinge einfach immer abgelehnt. Herr Heilmann ist enttäuscht, dass Herr Kono in diesen Situationen nicht stärker argumentiert hat. Außerdem ärgert ihn, dass sich keiner im Unternehmen dafür verantwortlich fühlt, wie die Broschüre geworden ist, und jeder sagt: »Ich würde ja gern, aber Abteilung XY macht da nicht mit.«

Wieso hat sich die Broschüre so stark verändert?

– Lesen Sie nun die Antwortalternativen nacheinander durch.
– Bestimmen Sie den Erklärungswert jeder Antwortalternative für die gegebene Situation und kreuzen Sie ihn auf der darunter befindlichen Skala an. Es ist möglich, dass mehrere Antwortalternativen den gleichen Erklärungswert besitzen.

▧ Deutungen

a) Vielleicht ist Herr Heilmann der Einzige, der Herrn Konos Entwurf innovativ fand. Die veränderte Broschüre hingegen ist viel besser auf die Bedürfnisse japanischer Kunden zugeschnitten.

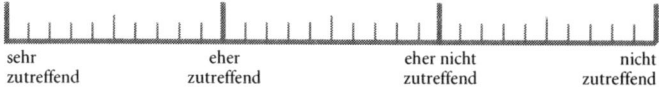

| sehr zutreffend | eher zutreffend | eher nicht zutreffend | nicht zutreffend |

b) Herr Kono hat erwartet, dass sich Herr Heilmann für die Durchsetzung des Entwurfs einsetzt und die anderen Abteilungen überzeugt. Ihm selbst steht das nicht zu.

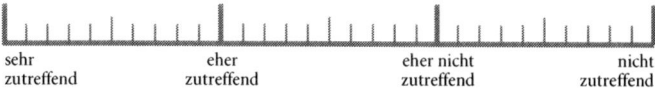

| sehr zutreffend | eher zutreffend | eher nicht zutreffend | nicht zutreffend |

c) Die anderen Mitarbeiter hatten Angst vor einem Misserfolg. Deswegen argumentierten sie gegen die neuartige Broschüre.

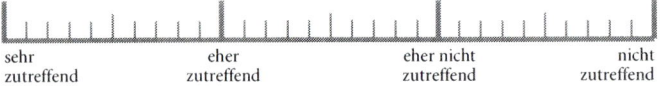

| sehr zutreffend | eher zutreffend | eher nicht zutreffend | nicht zutreffend |

d) Für die japanischen Mitarbeiter war es wichtiger, eine gemeinsame Entscheidung zu treffen, als eine innovative Broschüre zu entwickeln.

| sehr zutreffend | eher zutreffend | eher nicht zutreffend | nicht zutreffend |

– Versuchen Sie, Ihre Einstufung jeder Antwortalternative zu begründen. Halten Sie die Begründung in schriftlicher Form stichpunktartig fest.
– Lesen Sie nun die Erläuterungen zu jeder Antwortalternative durch und vergleichen Sie diese mit Ihren eigenen Begründungen.

Bedeutungen

Erläuterung zu a):

Sicherlich unterscheiden sich Kundenwünsche und -vorstellungen von Land zu Land. Jedoch sind die Differenzen nicht so groß, dass man von einem grundsätzlich anderen Verständnis von Innovation oder einem anderen ästhetischen Empfinden sprechen könnte. Diese Antwort trifft deshalb am wenigsten zu. Die gemeinsam veränderte Broschüre wird aus einem anderen Grund dem ursprünglichen Entwurf vorgezogen.

Erläuterung zu b):

In japanischen Firmen bestimmt die individuelle Position stärker als in deutschen Unternehmen, welche Rechte der Einzelne hat. Da Herr Kono lediglich Produktmanager ist, kann er seine Meinung nur eingeschränkt gegenüber den Leitern anderer Abteilungen äußern. Herr Heilmann müsste es also übernehmen, die Broschüre mit ihnen zu besprechen, während Herr Kono auf Mitarbeiterebene Überzeugungsarbeit leistet. Diese Antwort erklärt allerdings nur einen Teilaspekt der Situation, denn schließlich hat sich Herr Kono auch nicht gegenüber den Mitarbeitern anderer Abteilungen durchgesetzt. Es gibt noch eine passendere Erklärung.

Erläuterung zu c):
In der japanischen Kultur gibt es eine stärkere Neigung als in der deutschen, Unsicherheiten und Risiken zu vermeiden. Dies führt aber nicht per se zu einer Ablehnung von Neuerungen, sondern eher zu einem Prozess gemeinsamer Konsensbildung bei der Entwicklung von Innovationen. Um die verschiedensten Risiken auszuschließen und Misserfolge zu vermeiden, werden Entscheidungen mit möglichst vielen Personen abgestimmt, so dass alle ihr Wissen und ihre Ideen einbringen können. Antwort d) erklärt die Situation treffender.

Erläuterung zu d):
Konsens und eine harmonische Grundstimmung in der Firma haben in Japan einen höheren Stellenwert als Innovation und Kreativität. Deshalb wurde die Broschüre so lange verändert und verbessert, bis jeder damit einverstanden und zufrieden war. Hitzige Diskussionen sind im Zuge der Konsensfindung unüblich, weshalb Herr Kono nicht offensiv für die Broschüre argumentiert. Außerdem führt die Konsensentscheidung dazu, dass keiner allein für die Entscheidung und ihre Folgen verantwortlich ist, sondern die gesamte Gruppe. Schließlich hat jeder seine Meinung eingebracht und dadurch das Endergebnis mit beeinflusst. Herrn Heilmann gelingt es deshalb nicht, einen »Schuldigen« zu finden. Seine Bewertung des Konsensprodukts als »mittelmäßig« resultiert aus seiner westlichen Einstellung, nach der Innovation wichtiger ist als Konsens.

▨ Lösungsstrategie

Sollte eine ähnliche Situation auftreten, kann Herr Heilmann bereits im Vorfeld verschiedene Personen in informellen Zweiergesprächen über die Broschüre informieren. Hier kann er die Meinung seiner Gesprächspartner sondieren, ihre Bedenken ausräumen und sie überzeugen. Gelingt ihm dies, werden beim Weg der Broschüre durch die Abteilungen nur noch minimale Veränderungen anfallen. Herr Heilmann sollte vor allem die Leiter der anderen Abteilungen überzeugen, damit diese ihr Wohlwollen äußern und dadurch die Einstellung ihrer Mitarbeiter zur Broschüre positiv beeinflussen. Wichtig ist in jedem Fall, dass der langwierige Weg der gemeinsamen Absprachen und Konsensbildung eingehalten wird, weil es sonst zu Schwierigkeiten in der Umsetzung des Projekts kommen kann.

▓ Beispiel 3: Der Produkttest

▓ Situation

Herr Koch arbeitet in der Abteilung für Forschung und Entwicklung und möchte ein neues elektronisches Produkt testen. Es müssen an dem Produkt aber noch ein paar Widerstände umgelötet werden, damit der Test überhaupt funktionieren kann. Herr Koch bittet deshalb seinen Kollegen, den Hardware-Entwickler Herrn Murata, diese minimale Änderung eben schnell vorzunehmen. Herr Murata reagiert überrascht. Als Herr Koch sagt, man mache das in Deutschland immer so, windet sich Herr Murata und erwidert, das müsse man doch erst mit dem Vorgesetzten absprechen. Erfahrene Kollegen müsse man auch fragen und überhaupt müsse man erst die Erlaubnis des Kunden einholen, bevor man an dem Produkt etwas verändern könne. Herr Koch ist nun seinerseits überrascht. Er will doch nur einen Test durchführen. Bei solchen Kleinigkeiten ist es seines Erachtens ausreichend, den Kunden im Nachhinein zu unterrichten. In Japan muss er nun einen unnötigen, Zeit raubenden Abstimmungsprozess in Kauf nehmen.

Wieso will Herr Murata selbst kleinste Änderungen unbedingt mit dem Vorgesetzten, den Kollegen und dem Kunden abstimmen?

– Lesen Sie nun die Antwortalternativen nacheinander durch.

– Bestimmen Sie den Erklärungswert jeder Antwortalternative für die gegebene Situation und kreuzen Sie ihn auf der darunter befindlichen Skala an. Es ist möglich, dass mehrere Antwortalternativen den gleichen Erklärungswert besitzen.

▧ Deutungen

a) Herr Murata möchte die Verantwortung für die Veränderung nicht tragen, weil eine falsche Entscheidung zu Konflikten in der Gruppe oder gar zu einer Störung der Kundenbeziehung führen könnte.

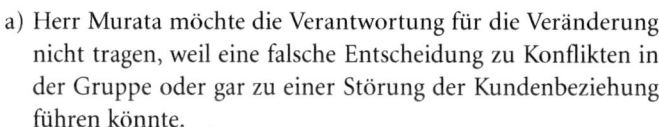

sehr	eher	eher nicht	nicht
zutreffend	zutreffend	zutreffend	zutreffend

b) Alle sollten immer über veränderte Details Bescheid wissen, damit im Notfall ein anderer Mitarbeiter einspringen kann.

sehr	eher	eher nicht	nicht
zutreffend	zutreffend	zutreffend	zutreffend

c) Einfache Mitarbeiter haben in Japan viel weniger Entscheidungsfreiheit als in Deutschland. Sie sollen eher Anweisungen gehorsam ausführen als mitdenken.

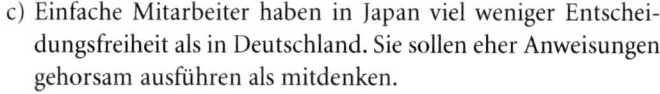

sehr	eher	eher nicht	nicht
zutreffend	zutreffend	zutreffend	zutreffend

d) Wenn jemand etwas allein entscheidet, so hebt ihn das aus der Gruppe hervor. Das stört die Harmonie in der Gruppe.

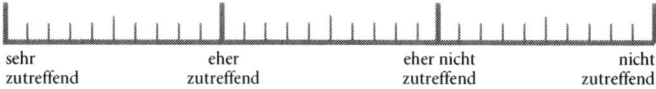

sehr	eher	eher nicht	nicht
zutreffend	zutreffend	zutreffend	zutreffend

– Versuchen Sie, Ihre Einstufung jeder Antwortalternative zu begründen. Halten Sie die Begründung in schriftlicher Form stichpunktartig fest.
– Lesen Sie nun die Erläuterungen zu jeder Antwortalternative durch und vergleichen Sie diese mit Ihren eigenen Begründungen.

▨ Bedeutungen

Erläuterung zu a):

Herr Murata will sich rückversichern und eine falsche Entscheidung um jeden Preis vermeiden, da er ihre Konsequenzen fürchtet. Es ist in den meisten japanischen Firmen unüblich, als Einzelner Veränderungen zu beschließen, selbst wenn es sich aus deutscher Sicht um Details handelt. In Abstimmung mit Kollegen und dem Vorgesetzten kann eine bessere Entscheidung getroffen werden, weil die Kompetenz aller mit einfließt. Die Gruppenentscheidung führt außerdem dazu, dass auch die Verantwortung von allen getragen wird und keiner allein seinen Kopf hinhalten muss, wenn etwas schief gelaufen ist.

Würde Herr Murata eigeninitiativ handeln und dabei eine falsche Entscheidung treffen, so könnte dies zu Konflikten mit seinem Vorgesetzten oder erfahreneren Kollegen führen und die harmonischen Beziehungen in der Abteilung stören. Außerdem könnte er den Kunden mit einer nicht abgesprochenen Änderung verärgern und dieser könnte die ganze Abteilung oder Firma dafür verantwortlich machen. Konflikte will ein japanischer Mitarbeiter möglichst vermeiden. Deshalb stimmt er sich lieber mit anderen ab, bevor er handelt. Diese Antwort trifft genau zu.

Erläuterung zu b):

In japanischen Firmen zirkulieren tatsächlich wesentlich mehr Informationen als in deutschen Unternehmen, damit im Notfall ein Mitarbeiter ohne Probleme die Aufgaben eines Kollegen ausführen kann. Häufig besteht der Grund für den regen Informationsaustausch auch darin, dass alle über Neuigkeiten und Veränderungen informiert werden sollen, damit sie sich schon einmal in Ruhe eine Meinung zu dem Thema bilden und es mit Kollegen diskutieren können. Wundern Sie sich also nicht, wenn sie täglich zahlreiche E-Mails erhalten, die Sie nur marginal betreffen, und denken Sie daran, selber Kopien Ihrer E-Mails an mögliche Beteiligte und Betroffene zu senden. Trotzdem erklärt diese Antwort die Situation nur unzureichend. Herr Murata will die anderen ja nicht nur informieren, sondern sich sogar mit ihnen abstimmen.

Erläuterung zu c):

Vielleicht erwecken die Höflichkeitsbekundungen (Verbeugungen, Anredeformen) japanischer Kollegen gegenüber ihrem Vorgesetzten bei Deutschen manchmal den Eindruck, Japaner seien unterwürfig und gehorsam. Höflichkeitsbezeugungen sind aber vor allem der Einhaltung der Etikette geschuldet und spiegeln nicht notwendigerweise die realen Machtbeziehungen im Unternehmen wider. Mitarbeiter der unteren Ebenen haben im Vergleich zu Deutschland zwar einen geringen *individuellen* Spielraum und beugen sich eher den Entscheidungen ihres Vorgesetzten, sie denken jedoch mit und beteiligen sich, indem sie zu *Gruppen*entscheidungen beitragen. Deshalb trifft diese Antwort nicht zu.

Erläuterung zu d):

Schon von klein auf werden Japaner dazu erzogen, sich nicht hervorzutun – weder durch negatives noch durch positives Verhalten, etwa besonders gute Leistungen. Dazu gibt es in Japan sogar ein viel zitiertes Sprichwort: »Der Nagel, der heraussteht, wird eingeschlagen.« Sicherlich ist die im Vergleich zu Deutschland geringe Eigeninitiative japanischer Mitarbeiter eine Folge dieser Erziehung, und es kann durchaus sein, dass Herr Murata sich nicht gegenüber den anderen hervortun will. Allerdings wird die wichtigste Ursache für sein Verhalten in Antwort a) erklärt.

▪ Lösungsstrategie

Herr Koch sollte das Bedürfnis der japanischen Kollegen nach Rückversicherung akzeptieren und bei seinen Vorhaben die Zeit für Abstimmungsprozesse einplanen. Sollte er einmal keine Zeit dafür haben, hilft es vielleicht, wenn er den betreffenden Kollegen versichert, dass die von ihm vorgeschlagenen Veränderungen kein Risiko für den Kunden und den Vorgesetzten bergen und dass er selbst die volle Verantwortung tragen wird. Generell ist der Verlauf der Situation abhängig vom herrschenden Managementstil in der Firma sowie der Persönlichkeit und den Einstellungen der japanischen Kollegen. Wenn sie etwas unkonventioneller und risikofreudiger oder vielleicht auslandserfahren sind, werden sie sich von Herrn Koch eher umstimmen lassen.

■ Kulturelle Verankerung von »Konsensorientierung«

Der Kulturstandard »Konsensorientierung« beschreibt die Tendenz von Japanern, bei Entscheidungen nach einer gemeinsamen Lösung zu suchen. Die an einer Entscheidung beteiligten beziehungsweise von ihr betroffenen Personen werden nach ihrer Meinung gefragt, um Interessenkonflikte auszugleichen oder zu vermeiden. Die Meinungsäußerungen in den zahlreichen Besprechungen und informellen Gesprächen erfolgen dabei nicht in Form eines konfrontativen Streitgesprächs, sondern eher vorsichtig und unter Betonung der Gemeinsamkeiten der verschiedenen Standpunkte. Auch dies dient dazu, Konflikte zu vermeiden und die Harmonie zu wahren.

Deutsche erleben den Prozess der Konsensbildung in Japan häufig als Zeit raubend und wenig effizient, da Vorschläge erst lange in der Firma zirkulieren, bevor ein Entschluss gefasst wird. Sie beschreiben die Umsetzung der Entscheidungen dafür aber als reibungslos, da dann alle Mitarbeiter hinter der Lösung stehen und sie mit hohem Engagement verwirklichen.

Für die Bildung eines Konsens gibt es in japanischen Unternehmen verschiedene Wege und Methoden. Die Initiative geht meist vom Topmanagement aus, das zunächst seine unmittelbar Untergebenen zu Vorschlägen und Verbesserungen befragt. Diese befragen wiederum ihre eigenen Mitarbeiter und so weiter. Die jeweilige Führungskraft trägt dabei die Meinungen ihrer Mitarbeiter zurück auf ihre eigene Führungsebene. Dieser zirkuläre Prozess (»ringi seido« – Bitte um Gruppenentscheidung) findet so lange statt, bis ein Konsens gefunden ist. In der Praxis werden Entscheidungen letzten Endes aber trotzdem oft nur von einem kleinen Kreis leitender Angestellter getroffen.

»Nemawashi« bezeichnet die sorgfältige, behutsame und geduldige Vorbereitung einer Entscheidung, bei der in vielen informellen Zweiergesprächen die Meinung von anderen sondiert und die eigene Meinung vorsichtig geäußert wird. Beide Seiten können sich so an Vorschläge und Ansichten des anderen emotional gewöhnen, ihre eigenen Gegenvorschläge diplomatisch entwickeln und zu einem Konsens finden. Sitzungen der formell entscheidenden Gremien haben nach gründlicher Vorbereitung durch »nemawashi« oft nur noch absegnenden Charakter. Wenn bei der offiziellen Entscheidung noch kritische Punkte offen sind, werden diese meist indirekt durch Fragen angedeutet. Bei deutlichen Interessenkonflikten kann ein Vermittler eingeschaltet werden. Einige deutsche Entsandte bezweifeln allerdings, dass eine Konsensentscheidung wirklich immer das Ergebnis ausführlicher Information und demokratischer Abstimmungsprozesse ist, und vermuten, dass mancher Ranghöhere beim »nemawashi« seine Mitarbeiter eher überredet, ihre Meinung anzupassen.

Wie häufig die Untergebenen die Möglichkeit haben, ihre Meinung dem Vorgesetzten zu unterbreiten, zeigt auch die Existenz des »ringi sho«. Es handelt sich dabei um eine Umlaufmappe oder ein Dokument über die Durchführung einer Aufgabe, mit dem alle Beteiligten, Verantwortlichen und Betroffenen informiert werden. Das Dokument wird von jedem abgezeichnet und weitergegeben. Die Umlaufmappe beginnt ihren Weg auf der untersten Hierarchieebene und bietet die Möglichkeit, Anregungen und Kritik einzubringen und auf bisher übersehene Aspekte aufmerksam zu machen.

Durch den Prozess der Konsensbildung und das Treffen von Gruppenentscheidungen entsteht ein Gefühl gemeinsamer Verantwortung der Gruppe für die Entscheidung. In diesem Sinne herrscht in japanischen Firmen eine kollektive Leitung mit kollektiver Verantwortung, und es ist nicht verwunderlich, dass man nach einer Fehlentscheidung keinen »Schuldigen« findet, sondern vielmehr die ganze Gruppe für die Entscheidung verantwortlich gemacht wird.

Betrachtet man die Geschichte Japans, so zeigen sich bereits in den frühen Dorfgemeinschaften der Reisbauern Konfliktlösungsstrategien, die der Konsensfindung in heutigen Firmen ähneln. Bei einem ernsten Konflikt versammelten sich alle vollwertigen Mitglieder des Dorfes, um sich gemeinsam ein Bild von dem Problem zu machen. Alle Teilnehmer – auch diejenigen, die nicht direkt mit der Angelegenheit zu tun hatten, und auch die Opponenten – trugen der Reihe nach monologisch ihre Meinung vor. Die anderen hörten in dieser Zeit zu. Danach trennte man sich und beim nächsten Treffen wurde die Kette von Monologen wiederholt. Die einzelnen Meinungen hatten sich in der Zwischenzeit etwas verändert und angenähert, da die Personen zu zweit oder in kleinen Gruppen über das Problem gesprochen hatten. Dadurch konnte nach einigen offiziellen Treffen leichter ein Kompromiss gefunden werden, der von fast allen akzeptiert wurde.

Nachdem die japanische Wirtschaft in den neunziger Jahren starke Verluste hinnehmen musste, wurden Stimmen laut, die eine grundlegende Veränderung des japanischen Managementstils forderten. Gerade die zuerst als Erfolgsfaktoren der japanischen Wirtschaft bezeichneten Prinzipien der Konsensentscheidung und der Gruppenverantwortung wurden nun heftig kritisiert. Im alltäglichen Arbeitsleben von deutschen Entsandten in Japan sind allerdings noch keine tief greifenden Veränderungen sichtbar geworden. Konsensorientierung bleibt ein wesentlicher Bestandteil der japanischen (Firmen-)Kultur.

▪ Themenbereich 2:
Gesicht wahren

▪ Beispiel 4: PC-Probleme

▪ Situation

Frau Schwarz bittet die japanischen Mitarbeiter der IT-Abteilung, die Speicherkapazität ihres Computers zu erhöhen. Zuerst erhält sie gar keine Antwort. Auf ihre Nachfrage, ob man wirklich nichts tun könne, antwortet der zuständige Mitarbeiter Herr Sumamoto nur, dass die Erhöhung der Speicherkapazität »schwierig« sei. Frau Schwarz fragt, was »schwierig« bedeute und was sie jetzt tun könne, da sie wirklich mehr Speicher brauche. Herr Sumamoto verändert daraufhin etwas an ihrem Computer, so dass sie zwar besser arbeiten kann, aber die Speicherkapazität erhöht er dadurch nicht. Er sagt ihr, dass sie sich ja noch einmal melden könne, wenn sie in Zukunft immer noch Probleme habe.

Wie erklären Sie sich Herrn Sumamotos Verhalten?

– Lesen Sie nun die Antwortalternativen nacheinander durch.
– Bestimmen Sie den Erklärungswert jeder Antwortalternative für die gegebene Situation und kreuzen Sie ihn auf der darunter befindlichen Skala an. Es ist möglich, dass mehrere Antwortalternativen den gleichen Erklärungswert besitzen.

▪ Deutungen

a) Herr Sumamoto kann nicht Nein sagen. Deswegen reagiert er ausweichend.

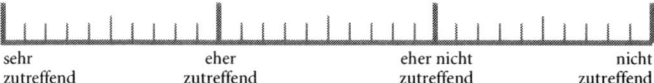

| sehr zutreffend | eher zutreffend | eher nicht zutreffend | nicht zutreffend |

b) Herr Sumamoto will bei Frau Schwarz keine Ausnahme machen, da er befürchtet, dass andere Mitarbeiter dann auch um eine Aufrüstung ihrer Computer bitten.

sehr	eher	eher nicht	nicht
zutreffend	zutreffend	zutreffend	zutreffend

c) Herr Sumamoto kann Frau Schwarz nicht leiden und zeigt ihr das subtil.

sehr	eher	eher nicht	nicht
zutreffend	zutreffend	zutreffend	zutreffend

d) Die Aufrüstung des Computers ist nicht möglich. Frau Schwarz' Bitte direkt abzulehnen wäre aber sehr unhöflich und könnte ihre Gefühle verletzen.

sehr	eher	eher nicht	nicht
zutreffend	zutreffend	zutreffend	zutreffend

– Versuchen Sie, Ihre Einstufung jeder Antwortalternative zu begründen. Halten Sie die Begründung in schriftlicher Form stichpunktartig fest.
– Lesen Sie nun die Erläuterungen zu jeder Antwortalternative durch und vergleichen Sie diese mit Ihren eigenen Begründungen.

▨ Bedeutungen

Erläuterung zu a):
Herr Sumamoto kann in dieser Situation tatsächlich nicht Nein sagen. Das liegt jedoch nicht daran, dass er dazu persönlich nicht in der Lage ist, sondern dass es sehr unhöflich von ihm wäre, Frau Schwarz' Bitte direkt abzulehnen. Er drückt die Abweisung deshalb indirekt aus, indem er sagt, dass es schwierig sei, den Computer aufzurüsten. Warum es in Japan als unhöflich gilt, eine Bitte direkt abzulehnen, erklärt eine andere Antwort.

Erläuterung zu b):

Es ist durchaus möglich, dass Herr Sumamoto befürchtet, auch andere Kollegen könnten ihn bitten, ihre Computer aufzurüsten. Warum lehnt er dann aber Frau Schwarz' Wunsch nicht einfach ab? Er ändert sogar noch etwas an ihrem Computer, damit sie besser arbeiten kann. Es gibt eine andere Erklärung für Herrn Sumamotos Verhalten.

Erläuterung zu c):

Selbst wenn Herr Sumamoto Frau Schwarz gut leiden kann, wird er in dieser Situation so reagieren. Diese Antwort erklärt sein Verhalten also nicht.

Erläuterung zu d):

Diese Antwort ist zutreffend. Herr Sumamoto kann Frau Schwarz' Wunsch offensichtlich nicht erfüllen und versucht, ihr das so höflich und vorsichtig wie möglich beizubringen. Er wählt eine sehr typische, indirekte Art und Weise des Ablehnens von Bitten, indem er davon spricht, wie schwierig es sei, den Wunsch zu erfüllen. Frau Schwarz kann dadurch die Unmöglichkeit der Erfüllung erkennen und ihre Anfrage zurückziehen. Würde Herr Sumamoto ihr eine direkte Absage erteilen, wäre das nach japanischen Maßstäben eine peinliche Situation für Frau Schwarz, durch die sie ihr Gesicht verlieren könnte.

■ Lösungsstrategie

Frau Schwarz sollte Herrn Sumamoto erst einmal für die verbesserte Leistung ihres Computers danken. Sie könnte dann mit einem vertrauten Kollegen sprechen und fragen, ob auch er Probleme mit der Speicherkapazität seines Computers habe. Findet sie auf diesem Weg keine Alternativlösung, könnte sie das IT-Personal noch einmal nach den technischen Gründen fragen, die einer Erweiterung der Speicherkapazität im Wege stehen, und so möglicherweise auch firmeninterne, nichttechnische Hinderungsgründe erfahren. Vielleicht ist es in ihrem Unternehmen üblich, dass eine Anweisung von ihrem Vorgesetzten an die IT-Abteilung ergehen muss, oder es sollen alle Computer die gleiche

Ausstattung haben, damit niemand benachteiligt wird. Da eine direkte Ablehnung einer Bitte in Japan möglichst vermieden wird – entweder durch eine indirekte Absage wie im Beispiel oder durch Zusagen, die später nicht eingehalten werden –, ist es für Deutsche oft schwer herauszufinden, ob das Gegenüber der eigenen Bitte wirklich nachkommen will oder ob es sie indirekt abgelehnt hat. Sie könnten sich daher die »japanische« Art zu bitten angewöhnen: Sprechen Sie bekümmert über Ihr Problem, brechen Sie dann den Satz ab und überlassen Sie es Ihrem Gesprächspartner, aktiv seine Hilfe anzubieten.

■ Beispiel 5: Schweigsame Zuhörer

■ Situation

Herr Elben arbeitet für eine deutsche Bank in Asien. Er ist auf Geschäftsreise in Japan und stellt das neue IT-Konzept des deutschen Stammhauses vor, welches in den japanischen Filialen eingeführt werden soll. Nachdem Herr Elben seine Präsentation beendet hat, erwartet er Fragen und Kritik von Seiten der Zuhörer, da bei der Umsetzung von Ideen aus dem Head Office meist eine gewisse lokale Unabhängigkeit verloren geht, Kosten entstehen und neue Regeln befolgt werden müssen. Er hat dasselbe Projekt auch schon in anderen Ländern vorgestellt und es gab dabei häufig Diskussionen über kritische Punkte. Doch die japanischen Zuhörer schweigen nur oder nicken mit dem Kopf. Herr Elben ist sehr irritiert. Einen Tag später erhält er jedoch eine E-Mail mit einer Liste von Kommentaren, Gegenvorschlägen und Kritikpunkten.

Warum äußern sich die Filialmitarbeiter erst am nächsten Tag und per E-Mail zu dem Projekt?

- Lesen Sie nun die Antwortalternativen nacheinander durch.
- Bestimmen Sie den Erklärungswert jeder Antwortalternative für die gegebene Situation und kreuzen Sie ihn auf der darunter befindlichen Skala an. Es ist möglich, dass mehrere Antwortalternativen den gleichen Erklärungswert besitzen.

40

▨ Deutungen

a) Die Mitarbeiter trauen sich nicht, ihre Meinung öffentlich zu äußern. Lieber schicken sie Herrn Elben eine Liste, auf der nicht mehr unterscheidbar ist, wer was gesagt hat.

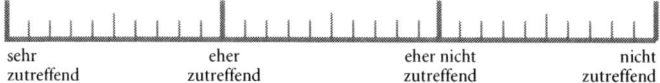

sehr zutreffend   eher zutreffend   eher nicht zutreffend   nicht zutreffend

b) Die Mitarbeiter brauchen Zeit, um miteinander zu diskutieren, einen gemeinsamen Standpunkt und überzeugende Gegenargumente zu finden.

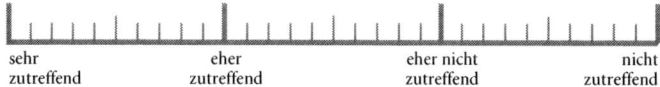

sehr zutreffend   eher zutreffend   eher nicht zutreffend   nicht zutreffend

c) »Reden ist Silber, Schweigen ist Gold.« Dieser Grundsatz gilt in Japan stärker als in Deutschland und wirkt auch in dieser Situation.

sehr zutreffend   eher zutreffend   eher nicht zutreffend   nicht zutreffend

d) Die Mitarbeiter wollen Herrn Elben nicht durch die Kritik beschämen und schweigen deshalb lieber.

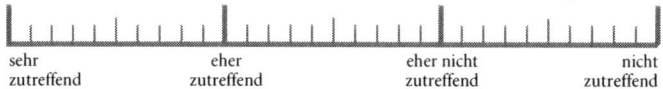

sehr zutreffend   eher zutreffend   eher nicht zutreffend   nicht zutreffend

– Versuchen Sie, Ihre Einstufung jeder Antwortalternative zu begründen. Halten Sie die Begründung in schriftlicher Form stichpunktartig fest.
– Lesen Sie nun die Erläuterungen zu jeder Antwortalternative durch und vergleichen Sie diese mit Ihren eigenen Begründungen.

▨ Bedeutungen

Erläuterung zu a):

Viele Japaner haben tatsächlich Scheu davor, bei Präsentationen wie im Beispiel ihre Meinung zu äußern. Offene oder gar hitzige Diskussionen finden in offiziellen Meetings in Japan nicht statt, weshalb die japanischen Mitarbeiter es nicht gewöhnt sind und keine Übung darin haben, ihre Meinung in einem solchen Setting zu vertreten. Es geht allerdings in der Situation nicht darum, dass die japanischen Mitarbeiter Angst davor haben, ihre *individuelle* Meinung gegenüber Herrn Elben zu äußern. Es gibt andere Gründe für ihr Schweigen.

Erläuterung zu b):

Es stimmt, dass die japanischen Filialangestellten erst einmal Zeit brauchen, um als Gruppe einen gemeinsamen Standpunkt zu erarbeiten. Dieser wird selten in offiziellen Meetings oder gar vor einem Außenstehenden wie Herrn Elben entwickelt. Es ist üblicher, dass man zunächst über ein Projekt informiert wird und die Beteiligten danach in vielen informellen Gesprächen ihre Meinungen zu dem Thema austauschen. Erst dann kommen sie in einem neuerlichen Meeting zusammen, um offiziell einen Konsens zu bilden. Jedoch ist die Konsensorientierung der Mitarbeiter in diesem Beispiel nur die zweitbeste Erklärung für ihr Verhalten.

Erläuterung zu c):

Schweigen wird in Japan generell positiver bewertet, als viel zu reden, weshalb japanische Vorgesetzte sich auch weniger selbst darstellen und zurückhaltender und schweigsamer auftreten als deutsche Entsandte. Während Japaner durch Schweigen in Diskussionen häufig Ablehnung oder Unverständnis vermitteln, interpretieren Deutsche Schweigen eher als Einverständnis, Indifferenz oder Desinteresse. Antwort c) beschreibt allerdings lediglich die allgemeine Wertschätzung des Schweigens in Japan. Es gibt eine andere Antwort, die das Verhalten der japanischen Mitarbeiter besser erklärt.

Erläuterung zu d):

In Japan hat die Beziehungsebene Vorrang vor der Sachebene.

Direkte Kritik gefährdet schnell die zwischenmenschlichen Beziehungen, weil Japaner nicht so stark zwischen Person und Sache trennen wie Menschen aus dem westlichen Kulturkreis und Kritik daher persönlicher nehmen. Der Kritisierte ist schnell beschämt und verliert sein Gesicht. Um einen Gesichtsverlust zu vermeiden, muss Kritik also indirekt und vorsichtig geäußert werden. Diese Antwort erklärt am besten, warum die Filialmitarbeiter Herrn Elben erst am nächsten Tag eine E-Mail mit Kritik und Kommentaren zu dem Projekt schicken.

■ Lösungsstrategie

Wenn der Vortragende die Zuhörer kaum kennt, muss er sich darauf einstellen, dass diese wahrscheinlich nur indirekt Kritik äußern werden. Der Referent könnte explizit noch einmal darauf hinweisen, dass er an schriftlichen Kommentaren zum neuen Projekt interessiert ist, und um »Verbesserungen« und »Vorschläge« (statt »Kritik«) bitten. Sollte er genügend Zeit dafür haben, könnte er ein abendliches Treffen im Restaurant oder in einer Bar arrangieren oder am nächsten Tag mit der Leitungsebene Golf spielen, um in informellen Gesprächen deren Meinung herauszufinden.

Eine andere Möglichkeit besteht darin, einen Vermittler einzuschalten. Der Weg über Dritte ist in Japan üblich, um unterschiedliche Meinungen auszutauschen und Konflikte ohne direkte Konfrontation zu lösen. Einem Vermittler gegenüber kann man sich ehrlicher äußern und dieser wiederum kann die Informationen filtern und diplomatisch verpacken. Innerhalb einer Arbeitsgruppe mit stabilen und vertrauten Beziehungen wird Kritik übrigens schon eher geäußert, obwohl sie auch dann noch vorsichtig formuliert wird (z. B. »Ich frage mich, ob das wirklich so eine gute Idee ist, dieses IT-System einzuführen . . .«). Auch die Internationalität der Firma und der Managementstil beeinflussen den Umgang mit Kritik.

▓ Beispiel 6: Die Schulung

▓ Situation

Herr Althoff gibt gelegentlich Seminare, um japanische Mitarbeiter technisch weiterzubilden. Eine Schulung dauert meist vier Stunden, findet auf Englisch statt und ist vom technischen Anspruch sehr hoch. Herrn Althoff ist aufgefallen, dass die Teilnehmer kaum nachfragen, wenn sie etwas nicht verstanden haben, obwohl er sie zu Beginn des Trainings immer auffordert, sofort Fragen zu stellen. Er erkennt dann an den Gesichtern der Zuhörer, dass einige komplett abgeschaltet haben und ihm nicht mehr folgen können. Manchmal stellen Teilnehmer wenigstens am Ende des Trainings noch Fragen, die aber teilweise so grundlegend sind, dass deutlich wird, dass die Person das ganze darauf aufbauende Wissen gar nicht verstanden haben kann. Herr Althoff weiß nicht, was er noch tun soll, damit die Teilnehmer ihre Fragen stellen, wenn er gerade über das betreffende Thema spricht.

Warum stellen die Teilnehmer fast nie Fragen?

– Lesen Sie nun die Antwortalternativen nacheinander durch.
– Bestimmen Sie den Erklärungswert jeder Antwortalternative für die gegebene Situation und kreuzen Sie ihn auf der darunter befindlichen Skala an. Es ist möglich, dass mehrere Antwortalternativen den gleichen Erklärungswert besitzen.

▓ Deutungen

a) Die Schulungsteilnehmer haben schlechte Englischkenntnisse, verstehen deshalb wenig und trauen sich nicht zu fragen.

| sehr | eher | eher nicht | nicht |
| zutreffend | zutreffend | zutreffend | zutreffend |

b) Japanische Mitarbeiter arbeiten oft sehr lange und sind deshalb häufig übermüdet. Es fällt ihnen schwer, sich vier Stunden auf die anspruchsvolle Schulung zu konzentrieren. Sie schalten irgendwann ab und können deshalb höchstens grundlegende Fragen stellen.

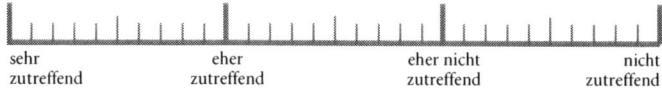

sehr   eher   eher nicht   nicht
zutreffend   zutreffend   zutreffend   zutreffend

c) Zum einen wollen die Mitarbeiter nicht zugeben, dass sie etwas nicht verstanden haben, und zum anderen wollen sie auch den Seminarleiter nicht in Verlegenheit bringen, falls er auf eine Frage einmal keine Antwort wissen sollte.

sehr   eher   eher nicht   nicht
zutreffend   zutreffend   zutreffend   zutreffend

d) Die japanischen Schulungsteilnehmer wollen aus Höflichkeit den Vortragenden nicht unterbrechen und warten mit ihren Fragen deshalb bis zum Schluss.

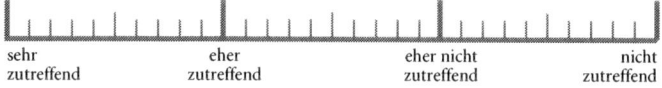

sehr   eher   eher nicht   nicht
zutreffend   zutreffend   zutreffend   zutreffend

- Versuchen Sie, Ihre Einstufung jeder Antwortalternative zu begründen. Halten Sie die Begründung in schriftlicher Form stichpunktartig fest.
- Lesen Sie nun die Erläuterungen zu jeder Antwortalternative durch und vergleichen Sie diese mit Ihren eigenen Begründungen.

▓ Bedeutungen

Erläuterung zu a):

In japanischen Schulen wird die englische Sprache hauptsächlich auf schriftlichem Weg erlernt, weshalb gute Sprachfertigkeiten und Hörverständnis seltener anzutreffen sind als bei Deutschen. In Seminaren kann dies dazu führen, dass nur einfache, grundlegende Inhalte verstanden und deshalb auch nur grundlegende Fragen gestellt werden. Obwohl Verständnisschwierigkeiten in der geschilderten Situation sicherlich eine Rolle spielen, gibt es noch einen wesentlicheren Grund, aus dem die Mitarbeiter fast nie Fragen an den Seminarleiter richten.

Erläuterung zu b):

Zugegebenermaßen schlafen Vorgesetzte in langwierigen Meetings und ihre Mitarbeiter am Schreibtisch oder abends in der Bar gelegentlich ein. Das mag durchaus an den Arbeitszeiten liegen, die um ein Viertel bis ein Drittel länger sind als die Arbeitszeiten in Deutschland. Aber in der beschriebenen Situation erklärt es nicht, warum die Mitarbeiter nicht fragen. Sie könnten dann zumindest zu Beginn der Schulung Fragen stellen, solange sie noch konzentriert sind. Diese Antwort trifft den Kern der Situation am wenigsten.

Erläuterung zu c):

Um harmonische Beziehungen zu pflegen, was in Japan von allerhöchster Wichtigkeit ist, muss man peinliche Situationen vermeiden, in denen die Beteiligten ihr Gesicht verlieren und beschämt werden könnten. Im Beispiel haben die Mitarbeiter zum einen Angst davor, ihr Gesicht zu verlieren, wenn sie zeigen, dass sie etwas nicht verstanden haben. Zum anderen befürchten sie, dass der Seminarleiter eine Frage nicht beantworten kann und dadurch sein Gesicht verlieren könnte. Die in Japan übliche Verhaltensnorm des Gesichtwahrens beinhaltet somit zwei Aspekte: Man will sowohl das eigene Gesicht wahren als auch dem Anderen Gesicht geben, indem man ihn zum Beispiel nicht bedrängt, wenn er ausweichend antwortet, oder ihm keine Fragen stellt, wenn er etwas unverständlich erklärt hat. Da dies als eine der wichtigsten Tugenden in Japan gilt, lernen Kinder schon in der Schule, dem Lehrer keine Fragen zu stellen. Diese Antwort trifft genau zu.

Erläuterung zu d):

Das Unterbrechen eines Gesprächspartners wird in Japan stärker als unhöflich empfunden als in Deutschland und wird deshalb vor allem gegenüber hierarchisch höher gestellten Personen, wie einem Seminarleiter, nicht vorkommen. Herr Althoff aber bittet die Teilnehmer zu Beginn der Schulung, sofort zu fragen, wenn sie etwas nicht verstanden haben. Um sich gegenüber dem Seminarleiter höflich zu verhalten, müssten die Teilnehmer seiner Bitte nachkommen. Da sie dies nicht tun, muss es eine andere Erklärung für ihr Verhalten geben.

◼ Lösungsstrategie

Um die Verständnisprobleme abzubauen, könnte Herr Althoff entweder einen Dolmetscher hinzuziehen oder ein ausführliches Skript für die Teilnehmer vorbereiten und ihnen nach jedem Themenblock Zeit geben, das Gehörte nachzulesen. Stellen die Teilnehmer von sich aus keine Fragen, kann Herr Althoff durch schriftliche Übungen oder Kontrollaufgaben unauffällig überprüfen, ob die Inhalte verstanden worden sind oder wiederholt werden müssen. Er kann außerdem nach jedem Thema eine kurze Pause einschieben, um den Teilnehmern Gelegenheit zu geben, ihn unter vier Augen zu sprechen. Sollte er zu einem der Teilnehmer eine gute, vertraute Beziehung haben, so kann Herr Althoff diesen in der Pause fragen, ob die anderen Teilnehmer die Inhalte verstanden haben. Wenn deutschlanderfahrene Japaner an den Schulungen teilnehmen, stellen diese durchaus Fragen und regen damit häufig die anderen Teilnehmer an.

◼ Kulturelle Verankerung von »Gesicht wahren«

Das Wahren und Geben des »Gesichts« beziehungsweise die Vermeidung eines Gesichtsverlusts nimmt einen zentralen Platz in der japanischen Kommunikation ein. Sein Gesicht verliert man, wenn einem vor anderen etwas Peinliches passiert, wenn man eines Fehlers bezichtigt wird, wenn man unnachgiebig auf seinem Standpunkt beharrt oder wenn man seine Gefühle mimisch verrät. Im Geschäftsleben verliert ein Lieferant das Gesicht, wenn man ihm eine Mahnung sendet, obwohl er mehrfach angedeutet hat, dass er den Liefertermin nicht einhalten kann. Ein Mitarbeiter verliert sein Gesicht, wenn er gegenüber seinem Vorgesetzten zugeben muss, dass er dessen Arbeitsanweisung nicht verstanden hat.

Das Gesicht kann auf verschiedene Weise gewahrt beziehungsweise dem Anderen »gegeben« werden. Eigene Emotionen werden hinter einem Lächeln »versteckt« und emotionale Äußerungen eines anderen abgeschwächt. Man stellt sich selbst als unfähig hin, um einen anderen nicht durch ein explizites Lob in Verlegenheit zu bringen. Man folgt der Etikette (über die es unzählige Bücher gibt) und entschuldigt sich bescheiden mit der für die entsprechende Gelegenheit geeigneten Entschuldigungsformel, sollte man die Etikette (reigi) einmal verletzt haben. Teil der Etikette sind klare Vorstellungen über angemessenes Verhalten von Männern, Frauen, Studenten, Kindern und so weiter. Die Einhaltung der Etikette ermöglicht, dass man sich in der Gesellschaft frei und ohne die Angst bewegen kann, durch unangemessenes Verhalten sich oder andere zu beschämen.

Die Praxis des Gesichtwahrens und -gebens wird weiterhin von einer impliziten Kommunikationsweise unterstützt. Man versucht, die Gefühle und Bedürfnisse des Gesprächspartners zu erahnen und seine subtilen, nonverbalen Signale zu deuten. Aussagen werden gern mehrdeutig formuliert. Bittet man um Hilfe, so schildert man sein Problem und bricht den Satz dann ab, so dass der Andere auf die (implizite) Bitte eingehen oder sie ignorieren kann. So kann der Bittende sein Gesicht wahren, auch wenn das Gegenüber nicht auf seinen Wunsch eingeht. Schweigen, als Inbegriff der mehrdeutigen Kommunikation, gilt in Japan als Tugend. Es kann von Respekt, Sympathie, Identifikation und Verständnis, aber genauso gut von Unverständnis und Verunsicherung zeugen. Durch Schweigen (statt offener Kritik) wahrt man ebenfalls das Gesicht des Interaktionspartners.

Häufig beschweren sich deutsche Vorgesetzte in Japan darüber, dass Mitarbeiter mit Ja auf eine Arbeitsanweisung antworten, die Aufgabe aber dann nicht ausführen. Das japanische Wort für Ja (hai) sollte man nicht mit dem deutschen Ja gleichsetzen. »Hai« bedeutet streng genommen nur »Ja, ich habe Sie akustisch verstanden«. Die Etikette schreibt sogar zwingend vor, dass ein Mitarbeiter seinem Vorgesetzten durch wiederholtes Nicken, »hai« oder beifällige Laute seine Aufmerksamkeit signalisiert.

Grundsätzlich versuchen Japaner, ein direktes Nein oder deutliche Kritik zu vermeiden, und schweigen lieber oder reden davon, dass etwas »schwierig« sei. Wenn Kritik einmal ausgesprochen werden muss, so wählen sie indirekte Wege, etwa die schriftliche Kommunikation oder das Einschalten eines Vermittlers. Einige Japaner sind übrigens durchaus in der Lage, direkte Kritik zu äußern, wenn diese vom Gesprächspartner gewünscht wird. Sie haben dann meist schon länger mit Ausländern zusammengearbeitet und wissen, dass Kritik die Arbeitsbeziehung nicht zwangsläufig schädigen muss.

Eine Person kann im Übrigen nicht nur ihr eigenes Gesicht gefährden, sondern auch das ihrer Gruppe oder sogar das ihrer Nation, wenn sie zum Beispiel eine Meinung äußert, mit der nicht die ganze Gruppe einverstanden ist, oder einen Fehler eingesteht, der auf die Gruppe zurückfällt. Die japanische Kultur wird oft als eine Kultur der Schande oder Scham bezeichnet. Während Deutsche sich eher schuldig fühlen, wenn sie einen Fehler gemacht haben und ihn wieder gutmachen wollen, leiden Japaner vor allem unter der öffentlichen Schande, die mit dem Fehler verbunden ist. Daher schweigen sie eher über ihre Fehler (und schreiben zum Beispiel nichts oder nur Beschönigtes über japanische Kriegsverbrechen in ihren Schulbüchern) und erwarten, dass andere ebenfalls schweigen, damit ihr Gesicht (bzw. das Gesicht Japans) gewahrt bleibt.

Die Praxis des Gesichtwahrens und die Bedeutung der Etikette haben in Japan eine lange Tradition. Schon die erste Verfassung Japans – Prinz Shotokus Gesetze aus dem Jahr 604 unserer Zeitrechnung – enthielt Vorschriften zu höflichem Verhalten und guten Manieren. Zur Zeit der Samurai, die als Kriegeradel den japanischen Feudalstaat verwalteten, wurde die Etikette noch wichtiger. Von jedem Beamten wurde Respekt vor Sitte und Anstand sowie die Einhaltung einer Fülle von Regeln verlangt, die eine harmonische Ordnung schaffen sollten. Die von der Etikette vorgeschriebenen Verhaltensregeln basierten dabei nicht auf allgemeinen moralisch, religiös oder philosophisch begründeten Prinzipien wie es für Europa charakteristisch war, sondern dienten lediglich der Regelung des Zusammenlebens. Deshalb konnte die Etikette relativ leicht verändert werden, wenn neue Bedingungen dies erforderten. Die Wichtigkeit von Angemessenheit, Form und Etikette spiegelt sich immer noch in den schintoistischen Riten (z. B. Schreinfesten) wider, bei deren Ausführung größte Sorgfalt geboten ist. Dass und wie der Ritus durchgeführt wird, ist häufig wichtiger als das Warum. Die strenge Einhaltung der Etikette hat damit ihre Wurzeln mit hoher Wahrscheinlichkeit auch im Schintoismus.

■ Themenbereich 3: Harmonie

■ Beispiel 7: Das Kundengespräch

■ Situation

Herr Müller ist auf Geschäftsreise in Japan. Zusammen mit zwei japanischen Kollegen trifft er drei japanische Mitarbeiter eines Großkunden zu einer Besprechung. In den vorangegangenen E-Mails hat er mit ihnen schon darüber kommuniziert, dass es eine neue Version des Produkts seiner Firma gibt. Im Meeting soll über dieses Update diskutiert werden. Zuerst werden technische Details und mögliche Liefertermine besprochen. Dann erklärt Herr Müller, welche Kosten für den Kunden entstehen, wenn er sich für die neue Version entscheidet. Herr Müller braucht eine schnelle Entscheidung für die Zentrale in Deutschland und fragt die japanischen Kunden deshalb rundheraus, ob sie das Update kaufen wollen. Es entsteht ein peinliches Schweigen. Die Japaner reden kurz untereinander auf Japanisch, aber sagen nichts auf Englisch zu Herrn Müller. Er merkt, dass sich die anderen in dieser Situation irgendwie nicht wohl fühlen, lenkt von der Entscheidungsfrage ab und beginnt, noch einmal über das Produkt zu sprechen. Im Meeting fällt an diesem Tag keine Entscheidung mehr darüber, ob der Kunde das Update wünscht oder nicht.

Warum schweigen die Mitarbeiter des Kunden gegenüber Herrn Müller, als er sie fragt, ob sie das Update kaufen wollen?

– Lesen Sie nun die Antwortalternativen nacheinander durch.
– Bestimmen Sie den Erklärungswert jeder Antwortalternative für die gegebene Situation und kreuzen Sie ihn auf der darunter befindlichen Skala an. Es ist möglich, dass mehrere Antwortalternativen den gleichen Erklärungswert besitzen.

▩ Deutungen

a) Die Mitarbeiter müssen die neuen Informationen erst einmal an die Kollegen und den Vorgesetzten weiterreichen und sich dann mit allen abstimmen.

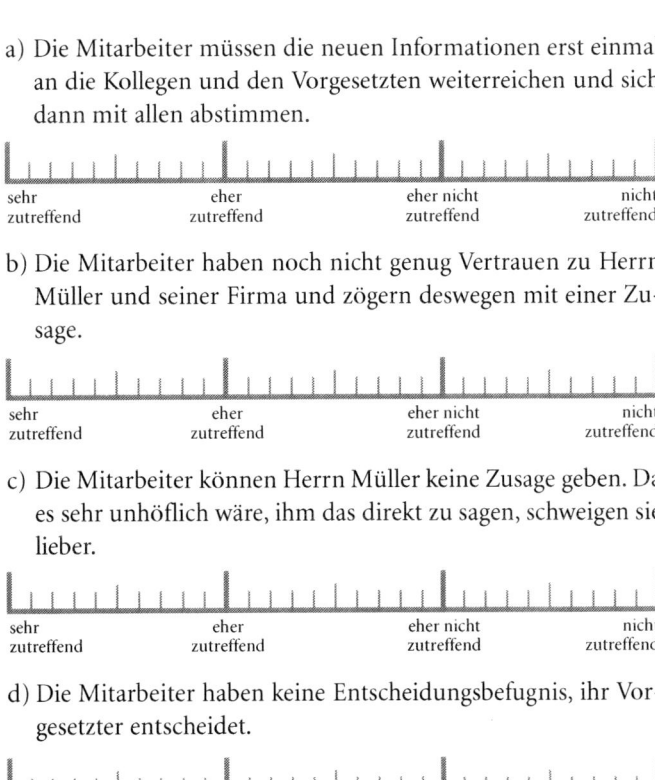

sehr zutreffend   eher zutreffend   eher nicht zutreffend   nicht zutreffend

b) Die Mitarbeiter haben noch nicht genug Vertrauen zu Herrn Müller und seiner Firma und zögern deswegen mit einer Zusage.

sehr zutreffend   eher zutreffend   eher nicht zutreffend   nicht zutreffend

c) Die Mitarbeiter können Herrn Müller keine Zusage geben. Da es sehr unhöflich wäre, ihm das direkt zu sagen, schweigen sie lieber.

sehr zutreffend   eher zutreffend   eher nicht zutreffend   nicht zutreffend

d) Die Mitarbeiter haben keine Entscheidungsbefugnis, ihr Vorgesetzter entscheidet.

sehr zutreffend   eher zutreffend   eher nicht zutreffend   nicht zutreffend

- Versuchen Sie, Ihre Einstufung jeder Antwortalternative zu begründen. Halten Sie die Begründung in schriftlicher Form stichpunktartig fest.
- Lesen Sie nun die Erläuterungen zu jeder Antwortalternative durch und vergleichen Sie diese mit Ihren eigenen Begründungen.

▓ Bedeutungen

Erläuterung zu a):
Herr Müller kann in diesem Meeting tatsächlich noch keine Entscheidung erwarten, weil die Mitarbeiter des japanischen Kunden die neuen Informationen erst einmal mit allen vom Kauf des Updates Betroffenen besprechen müssen. Erst nachdem firmenintern ein Konsens gebildet werden konnte, wird die Entscheidung fallen (vgl. Kulturstandard »Konsensorientierung«). Diese wird zwar letztlich der Vorgesetzte treffen, aber eben nicht, ohne die Meinung seiner Untergebenen gehört und berücksichtigt zu haben. Diese Antwort und Antwort c) erklären die Situation am besten.

Erläuterung zu b):
Herr Müller unterbricht durch seine verfrühte Frage eher den Prozess der Konsensbildung als den der Vertrauensbildung. Seine Firma hat schon einmal ein Produkt an den Kunden verkauft und bietet nun ein Update an. Daher ist davon auszugehen, dass eine funktionierende und vertrauensvolle Beziehung besteht. Diese Antwort trifft also eher nicht zu.

Erläuterung zu c):
Wie in Antwort a) erklärt wird, können die Japaner Herrn Müller noch keine Zusage geben, da die Entscheidung gemeinschaftlich und möglichst in Übereinstimmung mit Kollegen und Vorgesetzten getroffen werden muss. Sie können ihm jedoch nicht direkt sagen, dass sie sich nicht sofort entscheiden können, weil dies einer (vorläufigen) Absage gleichkäme. Da direkte Absagen als äußerst unhöflich gelten und der Partner dabei sein Gesicht verlieren würde, schweigen die Mitarbeiter des japanischen Kunden (vgl. Kulturstandard »Gesicht wahren«). Sie geben auf Herrn Müllers Frage keine Antwort, um die harmonische Beziehung zu ihm nicht zu gefährden.

Erläuterung zu d):
Diese Aussage verfehlt den Kern der Situation, denn es handelt sich hier nicht primär um ein Hierarchieproblem. Die Mitarbeiter müssen ihre neuen Informationen nämlich nicht nur ihrem

Chef unterbreiten und auf seine Entscheidung warten, sondern allen Personen Bericht erstatten, die vom Kauf des Updates betroffen wären.

▨ Lösungsstrategie

Sind Sie in einem Kundengespräch zu sehr vorgeprescht, können Sie wie Herr Müller nur noch vom Thema ablenken oder den Entscheidungsdruck wieder abbauen, indem Sie dem Kunden Ihr Verständnis dafür signalisieren, dass er noch mehr Zeit braucht, um das Angebot gründlich zu überdenken. Am besten für eine erfolgreiche Verhandlung ist es natürlich, den Kunden gar nicht erst unter Entscheidungsdruck zu setzen, da dies Misstrauen hervorrufen und den Verhandlungsprozess verlangsamen kann. Sie sollten stets einrechnen, dass Entscheidungsfindungen in Japan länger dauern als in Deutschland, und sich mehrmals offiziell und informell mit Ihren Verhandlungspartnern treffen. Dies mag auf den ersten Blick nicht effizient erscheinen, aber es schafft Vertrauen und ermöglicht so eine schnellere Einigung.

Wenn die Beziehung zu Ihrem Kunden sehr gut ist, können Sie auch im Vorfeld vorsichtig signalisieren, dass Sie eine schnelle Entscheidung benötigen, indem Sie zum Beispiel betonen, dass Sie Druck von der Zentrale bekommen. Dann fühlt sich Ihr Gesprächspartner mitunter verpflichtet, Ihnen persönlich zu helfen, und versucht, die interne Abstimmung zu beschleunigen. Voraussetzung für eine Entscheidung des Kunden ist trotzdem immer, dass ihm alle relevanten Informationen für die interne Konsensfindung schon eine Zeit lang vorgelegen haben und nicht im entscheidenden Meeting noch neue Informationen hinzukommen.

▨ Kulturelle Verankerung von »Harmonie«

Die vorangegangenen beiden Kulturstandards »Konsensorientierung« und »Gesicht wahren« und die zuletzt dargestellte Mischsituation lassen sich unter dem übergeordneten Kulturstandard »Harmonie« zusammenfassen. Harmonie bedeutet für Japaner

Ordnung, Übereinstimmung und Eintracht. Sie ist ein Zustand, in dem alles so ist, wie es sein soll, und schenkt Sicherheit und Halt. Eine feste hierarchische Ordnung, Selbstbeherrschung und die Befolgung von Normen bilden die Grundlage für die Wahrung der Harmonie. Wer die Harmonie durch unangemessenes Verhalten stört, muss mit Sanktionen rechnen.

Im Wirtschaftsleben äußert sich das Harmonie-Ideal in der Betonung der zwischenmenschlichen Beziehungen und ihrer Vertiefung durch viele gemeinsame Erlebnisse. Bei der Personalauswahl wird auf Anpassungsfähigkeit und Kooperationsbereitschaft geachtet. Entscheidungen werden nach einem langen Prozess der Konsensbildung getroffen und es wird vermieden, Konflikte offen auszutragen. In schwierigen Situationen greift man auf Mittelsmänner zurück, die die Gefahr einer Konfrontation reduzieren.

Im Alltag werden Konflikte vor allem durch die Einhaltung der Etikette vermieden, die dem Einzelnen auch die Sicherheit gibt, von anderen ein bestimmtes Verhalten erwarten zu können. Für Verstöße gegen die Etikette entschuldigt man sich, wobei eine Entschuldigung mit Sicherheit angenommen wird, denn das Verzeihen ist eine verbindliche Spielregel im Streben nach Harmonie. Eine offene Austragung von Konflikten wird selbst in der Ehe vermieden. Die Ehepartner wahren lieber nach außen den Schein, als sich scheiden zu lassen.

Um die Harmonie zu wahren, ist es in Japan wichtig zu wissen, in welchen Situationen »honne« erlaubt und wann »tatemae« nötig ist: Mit »honne« werden die tatsächlichen Empfindungen, Meinungen, Wünsche und Absichten einer Person bezeichnet, die man jedoch nur selten sieht, weil sie häufig hinter »tatemae« verborgen werden. »Tatemae« steht für die äußere Fassade, das sozial erwünschte Verhalten, die oberflächliche Anpassung an die Sollvorstellungen des Umfelds. Mit dieser schützenden öffentlichen Maske erfüllt man soziale und berufliche Erwartungen. Dass »tatemae« und »honne« nicht immer übereinstimmen, ist eine Selbstverständlichkeit, die im Interesse der Aufrechterhaltung reibungsloser sozialer Beziehungen allgemein akzeptiert wird.

Das Streben nach Harmonie liegt im relationalen Selbstkonzept der Japaner begründet. Personen mit einem relationalen Selbstkonzept sehen sich eher als Mitglied von Gruppen und als

Teil eines Beziehungsnetzes denn als einzelnes, unabhängiges Individuum, wie es für Menschen aus dem westlichen Kulturkreis charakteristisch ist. Die Selbstdefinition ändert sich deshalb je nach Kontext und Interaktionspartner. Das Bedürfnis nach Anerkennung ist stark ausgeprägt und jeder Konflikt betrifft nicht nur die Beziehung, sondern auch das eigene Selbst, da die Beziehung Teil des Selbst ist. Deshalb ist die Vermeidung von Konflikten im relationalen Selbstkonzept tief verankert.

Den kulturhistorischen Hintergrund des Harmonie-Ideals bilden das jahrhundertelange Zusammenleben in Dorfgemeinschaften und vor allem der Konfuzianismus. Die Reisbauern eines Dorfes waren durch die zahlreichen Naturkatastrophen besonders stark aufeinander angewiesen und mussten ohne größere Konflikte kooperieren, um das Überleben des Dorfes und damit jedes Einzelnen zu sichern. Es entwickelten sich deshalb bereits damals Strategien der Konsensbildung (vgl. Kulturstandard »Konsensorientierung«).

Der Konfuzianismus, basierend auf der Lehre des chinesischen Philosophen Konfuzius, kam im 4. und 5. Jahrhundert nach Japan. Das Ideal des Konfuzianismus ist eine ordentliche Gesellschaft, in der sittliche Individuen auf der Grundlage von moralischen Verpflichtungen harmonisch zusammenleben. Im Mittelpunkt der konfuzianischen Ethik steht der Tugendkanon (»die fünf Beständigkeiten«), der Menschlichkeit, Rechtlichkeit/Wohlwollen, Anstand/Sitte, Klugheit/Einsicht und Zuverlässigkeit/Vertrauenswürdigkeit propagiert. Aus diesen fünf Tugenden ergeben sich wiederum die drei sozialen Pflichten Loyalität, Pietät (Verehrung der Eltern und Ahnen) und Höflichkeit. Der Konfuzianismus fiel in Japan auf fruchtbaren Boden, da er in vielen Punkten mit dem japanischen Schintoismus übereinstimmte. Sein Gedankengut prägte Japans erste Verfassung (604 u. Z.). Harmonie wurde dabei als grundlegendes Prinzip des Zusammenlebens und der gesellschaftlichen Ordnung deklariert und den 17 Geboten der Verfassung vorangestellt. Viel später lebten die konfuzianischen Werte vor allem in der Ethik der Samurai während der Edo-(Tokugawa-)Zeit (1603–1867) weiter, wobei Loyalität wichtiger wurde als Pietät und Höflichkeit. Das konfuzianische Harmonie-Ideal wirkte sich auch auf das Zusammenleben in der Ehe und Familie aus. Frauen oblag es, die Verfehlungen ihrer Ehemänner zu erdulden und die Harmonie in der Ehe zu wahren.

Konfuzianische Ordnungsvorstellungen und Werte sind heute so stark zum Gemeingut der japanischen Gesellschaft geworden, dass viele Japaner sie als »japanische« Werte wahrnehmen und ihnen ihre konfuzianische Herkunft nicht mehr bewusst ist. Das Erlernen von harmoniewahrenden und konfliktvermeidenden Verhaltensweisen bildet einen wichtigen Teil der Sozialisation. Den Kindern wird »tatemae« vorgelebt – angepasstes Verhalten ohne Gefühlsausbrüche. Erzogen wird über Bitten und die Erzeugung von Gruppendruck und Schamgefühlen: »Wenn du dies (nicht) tust, werden die anderen dich auslachen.« Die Kinder lernen früh, ihre Gefühle zu regulieren, so dass sie trotz innerer Konflikte den Erwartungen der anderen gerecht werden können, denn die Einhaltung der sozialen Normen ist in einer gruppenbezogenen Kultur eine unabdingbare Voraussetzung für soziale Anerkennung. Ein Wandel des Stellenwerts von Harmonie in der japanischen Gesellschaft ist nicht abzusehen, auch wenn diese auf den ersten Blick sehr schnelllebig und anpassungsfähig erscheinen mag. Aber anpassungsfähig ist sie nur, soweit die neuen Arbeitstechniken, Technologien und Lebensformen nicht das grundsätzliche Streben nach Harmonie in Frage stellen.

▓ Themenbereich 4: Beziehungsorientierung

▓ Beispiel 8: Der Ausflug

▓ Situation

Herr und Frau Purfürst erkunden an den Wochenenden gern die Umgebung von Tokio. Bei einer ihrer Wanderungen machen sie eine Pause an einem Fluss. Eine japanische Familie, die in der Nähe sitzt, beginnt mit den beiden ein Gespräch und lädt sie ein, den Ausflug gemeinsam fortzusetzen. Herr und Frau Purfürst sind einverstanden und fahren mit den Japanern zu wunderschönen, abgelegenen Tälern. Am Abend gehen sie gemeinsam essen. Das deutsche Ehepaar möchte sich gern für den schönen Ausflug bedanken und das Essen bezahlen, doch der Vater der Familie hat dies schon getan. Herr und Frau Purfürst beschließen daher, der Familie als Dankeschön ein kleines Paket mit typisch deutschen Produkten zu schicken. Zwei Wochen nachdem sie das Paket versendet haben, erhalten sie plötzlich ein Paket mit japanischen Schlafanzügen von der Familie. Die Purfürsts haben das Gefühl, gar nicht richtig aus ihrer Dankesschuld herauszukommen, da sie immer wieder etwas im Gegenzug erhalten.

Warum werden Herr und Frau Purfürst so sehr von der japanischen Familie beschenkt?

- Lesen Sie nun die Antwortalternativen nacheinander durch.
- Bestimmen Sie den Erklärungswert jeder Antwortalternative für die gegebene Situation und kreuzen Sie ihn auf der darunter befindlichen Skala an. Es ist möglich, dass mehrere Antwortalternativen den gleichen Erklärungswert besitzen.

▦ Deutungen

a) Die Japaner sehen sich als Gastgeber im Land. Daher laden sie das deutsche Ehepaar ein.

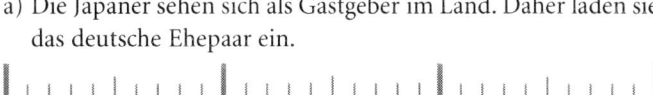

| sehr | eher | eher nicht | nicht |
| zutreffend | zutreffend | zutreffend | zutreffend |

b) Geschenke dienen dazu, eine gegenseitige Beziehung aufzubauen.

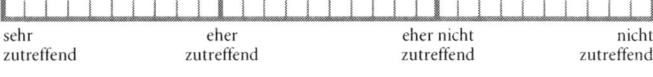

| sehr | eher | eher nicht | nicht |
| zutreffend | zutreffend | zutreffend | zutreffend |

c) Die Japaner sind sehr stolz auf ihr Land und möchten Ausländer deswegen beeindrucken.

| sehr | eher | eher nicht | nicht |
| zutreffend | zutreffend | zutreffend | zutreffend |

d) Die japanische Familie möchte nicht in der Schuld der deutschen Familie stehen.

| sehr | eher | eher nicht | nicht |
| zutreffend | zutreffend | zutreffend | zutreffend |

- Versuchen Sie, Ihre Einstufung jeder Antwortalternative zu begründen. Halten Sie die Begründung in schriftlicher Form stichpunktartig fest.
- Lesen Sie nun die Erläuterungen zu jeder Antwortalternative durch und vergleichen Sie diese mit Ihren eigenen Begründungen.

▦ Bedeutungen

Erläuterung zu a):

Japaner behandeln Ausländer sehr gastfreundlich und möchten, dass sie sich in ihrem Land wohl fühlen. Wenn sie selbst schon im Ausland gewesen sind, wissen sie, wie verloren man sich in einem fremden Land fühlen kann, und möchten Fremden den Aufenthalt in Japan deshalb oft erleichtern. So trifft es zwar zu, dass Japaner ausländischen Gästen gern ihr Land zeigen und sie bewirten; in dieser Situation wird jedoch der Beginn einer Freundschaft beschrieben. Es gibt daher eine andere Antwort, die die Situation besser erklärt.

Erläuterung zu b):
Durch sein Geschenk hat das deutsche Ehepaar aus einer Begegnung zwischen Fremden eine Begebenheit gemacht, die in Japan den Wunsch nach einer freundschaftlichen Beziehung signalisiert. Die japanische Familie hat darauf positiv reagiert und deshalb etwas zurückgeschickt. Ihr Geschenk steht sowohl für emotionale Verbundenheit als auch für den Ausgleich einer Verpflichtung, die durch das empfangene Geschenk der Purfürsts entstanden ist. Diese Antwortalternative trifft deshalb am meisten zu.

Erläuterung zu c):
Viele Japaner sind sehr stolz auf ihr Land und ihre Kultur. Daher ist es ihnen auch sehr wichtig, ihr Land positiv darzustellen und seine Einzigartigkeit zu betonen. Allerdings spielt der Nationalstolz der Japaner in diesem Beispiel keine Rolle. Die Einladung und das Geschenk dienen nicht dazu, Herrn und Frau Purfürst zu beeindrucken, sondern zeigen den Wunsch nach einer freundschaftlichen Beziehung an.

Erläuterung zu d):
In Antwort b) wurde beschrieben, dass Beziehungen durch den Austausch von Gaben hergestellt und gepflegt werden. Dabei besteht auf beiden Seiten die Erwartung, eine Gegengabe zu erhalten (Reziprozitätsnorm). Indem die japanische Familie das Geschenk annimmt, geht sie die Verpflichtung ein, ein Gegengeschenk an die deutsche Familie zu schicken. Auch diese Antwort trifft zu, da sie einen wichtigen Aspekt des Schenkens erklärt.

■ Lösungsstrategie

Herr und Frau Purfürst sollten sich bewusst sein, dass sie mit ihrem Geschenk signalisieren, dass sie eine Beziehung zu der japanischen Familie aufbauen möchten. Da diese ebenfalls Interesse gezeigt hat, ist es nun an den Purfürsts sich zu entscheiden. Wenn sie eine Freundschaft wünschen, können sie sich telefonisch bedanken oder nach einer gewissen Zeit erneut ein Geschenk schicken. Wollen die beiden keine engere Beziehung zu der japanischen Familie aufbauen, sollten sie einfach nicht auf das Geschenk reagieren.

Um Beziehungen aufzubauen und zu festigen, ist Schenken in Japan sehr üblich. Es gibt viele Anlässe, um anderen Geschenke zu machen. Es ist sehr nützlich, sich über die Anlässe und die dazugehörigen Geschenke und Regeln zu informieren. Eine grundlegende Regel in der Praxis des Schenkens ist die Gegenseitigkeit, dass man sich also für erhaltene Geschenke mit neuerlichen Geschenken bedankt. Auch Japaner empfinden dies als Verpflichtung und nicht nur als Zeichen gegenseitiger Verbundenheit. Vielleicht können sich die Purfürsts damit trösten.

▓ Beispiel 9: Der Vertrag

▓ Situation

Herr Lilienthal arbeitet für die japanische Niederlassung eines deutschen Herstellers, der gern zusätzlich einen kleinen Handelsbetrieb in Tokio eröffnen möchte. Dort ist es jedoch nahezu unmöglich, Land zu einem günstigen Preis zu erwerben. Nach einem Jahr vergeblicher Suche lernt Herr Lilienthal über einen Vermittler Herrn Endo kennen, der sich bereit erklärt, sein Land günstig für mehrere Jahre zu verpachten. Ein japanischer Rechtsanwalt setzt einen achtseitigen Vertrag auf, und beide Seiten unterschreiben. Die Rechtsabteilung des deutschen Stammhauses überprüft den Vertrag und findet ihn mangelhaft. Für Deutsche selbstverständliche Klauseln zur Absicherung von Risiken sind überhaupt nicht enthalten. Die Rechtsabteilung schickt deshalb einen veränderten Vertrag nach Japan, der etwa zehnmal so lang ist wie das ursprüngliche Schriftstück. Herr Endo ist über den neuen Vertrag erschrocken. Er versteht nicht, warum sich die Deutschen gegen jedes Risiko absichern wollen, und fragt sich, ob sie das Eintreten von

Problemen etwa erwarten. Schließlich lehnt er den korrigierten Vertrag ab und das Geschäft kommt nicht zustande.

Warum akzeptiert Herr Endo den korrigierten Vertrag nicht?

– Lesen Sie nun die Antwortalternativen nacheinander durch.
– Bestimmen Sie den Erklärungswert jeder Antwortalternative für die gegebene Situation und kreuzen Sie ihn auf der darunter befindlichen Skala an. Es ist möglich, dass mehrere Antwortalternativen den gleichen Erklärungswert besitzen.

◼ Deutungen

a) Als Privatperson ist Herr Endo überfordert mit dem Umfang und der komplizierten Sprache des Vertrags.

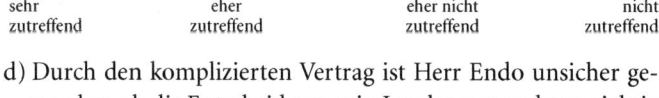

| sehr zutreffend | eher zutreffend | eher nicht zutreffend | nicht zutreffend |

b) Für den Japaner ist der erste Vertrag bindend, daher lehnt er die korrigierte Version ab.

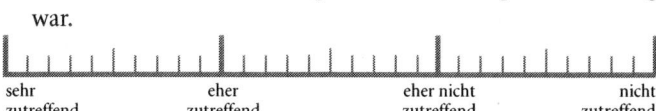

| sehr zutreffend | eher zutreffend | eher nicht zutreffend | nicht zutreffend |

c) Herr Endo hat das Gefühl, dass die Deutschen ihm nicht vertrauen. Wie soll er umgekehrt ihnen vertrauen und über Jahre mit ihnen kooperieren?

| sehr zutreffend | eher zutreffend | eher nicht zutreffend | nicht zutreffend |

d) Durch den komplizierten Vertrag ist Herr Endo unsicher geworden, ob die Entscheidung, sein Land zu verpachten, richtig war.

| sehr zutreffend | eher zutreffend | eher nicht zutreffend | nicht zutreffend |

– Versuchen Sie, Ihre Einstufung jeder Antwortalternative zu begründen. Halten Sie die Begründung in schriftlicher Form stichpunktartig fest.

– Lesen Sie nun die Erläuterungen zu jeder Antwortalternative durch und vergleichen Sie diese mit Ihren eigenen Begründungen.

▨ Bedeutungen

Erläuterung zu a):

Da Verträge in Japan meist sehr kurz gehalten werden, ist Herr Endo es nicht gewöhnt, einen so langen und detaillierten Vertrag vor sich zu haben. Möglicherweise überfordert ihn dessen Umfang, allerdings sollte die Sprache kein Problem für ihn sein, da er den vorherigen Vertrag auch verstanden hat. Warum Herr Endo den korrigierten Vertrag nicht unterzeichnen möchte, wird in einer anderen Antwort besser erklärt.

Erläuterung zu b):

Für Japaner sind Verträge zwar bindend, aber wenn sich die Rahmenbedingungen eines Vertrags ändern, wird im Interesse einer langfristigen, fruchtbaren Geschäftsbeziehung neu verhandelt. Diese Antwortalternative ist daher nicht richtig. Sie erklärt vor allem auch nicht, warum Herr Endo erschrocken und misstrauisch auf den neuen Vertrag reagiert.

Erläuterung zu c):

Japaner legen keinen großen Wert auf Verträge, die bis ins kleinste Detail ausformuliert sind. Solche Verträge wirken auf sie eher abschreckend, da sie von mangelndem Vertrauen des Geschäftspartners zeugen. Die westliche Neigung, in Verträgen für den Fall der Nichteinhaltung von Verpflichtungen genaue rechtliche Auswirkungen festzulegen, erscheint in den Augen von Japanern so, als plane man schon vor dem Beginn einer Geschäftsbeziehung deren Ende oder erwarte zumindest Konflikte und Disharmonie. Westliche Unternehmen wollen ihre Vertragspartner außerdem oft zur Einhaltung von Verträgen zwingen, selbst wenn unvorhergesehene Ereignisse dies unmöglich oder unfair machen. Nach japanischer Auffassung steht aber nicht der Vertrag, sondern die vertrauensvolle Beziehung im Vordergrund. Man würde in solchen Fällen dann neu verhandeln und einen Kompromiss finden.

Erläuterung zu d):

Herr Endo interpretiert die Veränderung des Vertrags durch das deutsche Unternehmen möglicherweise als Wechselhaftigkeit oder geringe Zuverlässigkeit. Daher ist er vielleicht unsicher geworden, ob es für ihn gut ist, mit diesem Unternehmen Geschäfte zu machen. Ausschlaggebend ist aber nicht die Kompliziertheit des Vertrags, sondern das scheinbare Misstrauen der Deutschen. Die Veränderung des Vertrags zeigt Herrn Endo, dass noch keine vertrauensvolle Beziehung aufgebaut ist. Antwort c) trifft in diesem Fall daher eher zu.

▉ Lösungsstrategie

Da Geschäftsbeziehungen in Japan maßgeblich auf gegenseitigem Vertrauen basieren, sind Verträge weniger wichtig als in Deutschland. Traditionellerweise beruhen viele Vereinbarungen auf mündlichen Absprachen, zu deren Einhaltung die Beteiligten durch einen moralischen Kodex verpflichtet sind. Ein Vertrag mit einem japanischen Unternehmen oder einer Privatperson sollte daher nur die Hauptpunkte abdecken und beiden Seiten Spielräume für notwendige mündliche Anpassungen offen halten. Bevor es zum Vertragsabschluss kommt, sollte man in vielen formellen und informellen Treffen gegenseitiges Vertrauen aufbauen, da dies weitaus stärker bindet als ein Vertrag. Es dauert durch den notwendigen Beziehungsaufbau länger, bis eine Geschäftsbeziehung etabliert ist, dafür halten die Beziehungen dann aber oft jahrelang.

Herr Lilienthal kann in der geschilderten Situation nicht mehr viel ausrichten. Beim Auftreten ähnlicher Situationen sollte er das deutsche Stammhaus davon überzeugen, dass umfangreiche Verträge und Klauseln zur Absicherung in Japan nicht üblich sind und zu Misstrauen sowie einem Scheitern der Verhandlungen führen können.

Beispiel 10: Verhandlung mit einem Neukunden

Situation

Herr Telkemeyer vertritt eine deutsche Firma in Japan und verhandelt häufig mit neuen japanischen Kunden über den Verkauf von Produkten. In der Phase der Auftragsverhandlung ist es dabei oft wichtig, auch nebensächliche Informationen an den Kunden weiterzugeben. Wenn Herr Telkemeyer zum Beispiel mit dem Kunden über den Verkauf von Antennen verhandelt, dann möchte dieser auch noch alle anderen Produkte des deutschen Unternehmens kennen lernen, selbst wenn sie überhaupt nichts mit dem Verkauf von Antennen zu tun haben. Herrn Telkemeyers Kollegen im deutschen Stammhaus, die die umfangreichen Anfragen des Kunden beantworten müssen, werden dann oft misstrauisch. Sie geben daher manchmal aus Prinzip einige Informationen nicht heraus, obwohl diese eigentlich gar nicht vertraulich sind. In solchen Fällen gerät der Verhandlungsprozess ins Stocken, weil der Kunde die zögerliche Informationsweitergabe der Deutschen nicht versteht.

Warum wünschen die Japaner so viele Informationen über die deutsche Firma?

– Lesen Sie nun die Antwortalternativen nacheinander durch.
– Bestimmen Sie den Erklärungswert jeder Antwortalternative für die gegebene Situation und kreuzen Sie ihn auf der darunter befindlichen Skala an. Es ist möglich, dass mehrere Antwortalternativen den gleichen Erklärungswert besitzen.

Deutungen

a) Japaner tauschen in kritischen Verhandlungssituationen manchmal auch nebensächliche Informationen aus, da ein zu direktes Verhandeln unhöflich ist.

sehr   eher   eher nicht   nicht
zutreffend   zutreffend   zutreffend   zutreffend

b) Japaner sammeln zu Beginn einer Geschäftsbeziehung so viele Informationen wie möglich, um den Partner gut kennen zu lernen und seine Vertrauenswürdigkeit einschätzen zu können.

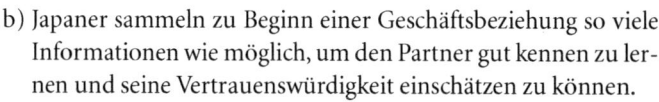

| sehr zutreffend | eher zutreffend | eher nicht zutreffend | nicht zutreffend |

c) Japanische Firmen sind nicht so spezialisiert wie deutsche Unternehmen. Daher prüfen sie, ob der Geschäftspartner auch auf anderen Gebieten ein guter Partner sein könnte.

| sehr zutreffend | eher zutreffend | eher nicht zutreffend | nicht zutreffend |

d) Die Japaner sammeln die Informationen über die Produkte, um ihre eigenen Produkte verbessern zu können.

| sehr zutreffend | eher zutreffend | eher nicht zutreffend | nicht zutreffend |

– Versuchen Sie, Ihre Einstufung jeder Antwortalternative zu begründen. Halten Sie die Begründung in schriftlicher Form stichpunktartig fest.
– Lesen Sie nun die Erläuterungen zu jeder Antwortalternative durch und vergleichen Sie diese mit Ihren eigenen Begründungen.

■ Bedeutungen

Erläuterung zu a):

In schwierigen Verhandlungssituationen kann es tatsächlich geschehen, dass die japanischen Verhandlungspartner kritischen Punkten ausweichen und nach nebensächlichen Details fragen, um von den Meinungsverschiedenheiten abzulenken und wieder Harmonie herzustellen. Allerdings fragen die japanischen Neukunden im geschilderten Beispiel nicht nur in kritischen Situationen nach allen möglichen Details, sondern sie sind generell an sehr umfassenden Informationen über das deutsche Unternehmen interessiert. Diese Antwort trifft daher nicht zu.

Erläuterung zu b):

Die zentrale Basis von Geschäftsbeziehungen in Japan ist das Vertrauen der Geschäftspartner zueinander. Beim Aufbau einer neuen Beziehung muss daher erst einmal die Vertrauenswürdigkeit des potenziellen Partners geprüft werden. Dies kann durch das Einholen umfangreicher und zum Teil nebensächlich erscheinender Informationen erfolgen. Man möchte unbedingt abschätzen können, wie zuverlässig und stark der Partner ist, um Risiken und spätere Konflikte zu vermeiden. In Japan sind die Informationssammlung und die Prüfung der Vertrauenswürdigkeit des Geschäftspartners sehr viel wichtiger als in Deutschland, weil japanische Unternehmen harmonische und sehr langfristige Geschäftsbeziehungen anstreben, die sie mitunter sogar auf andere Produkte ausdehnen.

Erläuterung zu c):

Japanische Firmen sind in der Tat weniger spezialisiert als deutsche Firmen und häufig in mehreren Geschäftsgebieten aktiv. Es kann daher für ein japanisches Unternehmen von Interesse sein, welche Produkte der Geschäftspartner zusätzlich herstellt, um bei einer funktionierenden Beziehung zukünftig vielleicht auch auf anderen Gebieten miteinander Geschäfte abzuschließen. Bevor man allerdings überhaupt Geschäfte tätigt, muss erst einmal eine vertrauensvolle Beziehung aufgebaut werden. In der geschilderten Situation werden die zahlreichen Informationen vor allem zu diesem Zweck benötigt. Eine andere Antwort erklärt die Situation besser.

Erläuterung zu d):

Originalideen gelten in Japan nicht als unantastbar. In der Geschichte Japans ist es durchaus üblich gewesen, Informationen zu sammeln und für die Entwicklung eines technischen Vorsprungs zu nutzen. Auch heute ist es beim Aufbau neuer Kundenbeziehungen in Japan immer noch eine Gratwanderung zwischen der Zurückhaltung von Informationen, die nicht für eine fremde Produktentwicklung ausgenutzt werden sollen, und der Weitergabe von Informationen zum Zweck der Vertrauensbildung. Im dargestellten Beispiel fordern die Kunden allerdings keine vertraulichen Informationen an, weshalb ihr Fokus höchstwahrscheinlich auf der Bildung von Vertrauen liegt.

■ Lösungsstrategie

Nichtvertrauliche Informationen sollten Herrn Telkemeyers deutsche Kollegen ruhig weitergeben, um das Interesse ihrer Firma an einer langfristigen Geschäftsbeziehung mit den japanischen Firmen zu bekunden. Werden allerdings von den potenziellen Kunden vertrauliche Informationen angefordert, deren Preisgabe die eigenen Firmeninteressen gefährden könnte, so sollten diese Informationswünsche vorsichtig und indirekt abgelehnt werden. Herr Telkemeyer könnte dem Kunden beispielsweise sagen, dass er die Informationen gerade nicht beschaffen könne oder dies sehr schwierig sei. Eine direkte Ablehnung sollte er auf jeden Fall vermeiden, da der Kunde sonst sein Gesicht verlieren würde.

■ Kulturelle Verankerung von »Beziehungsorientierung«

Japan ist in besonderem Maße eine Beziehungsgesellschaft, in der Freundschaften, Geschäftsbeziehungen und Bekanntschaften mit großem Einsatz aufgebaut und gepflegt werden. Das Selbstbild von Japanern wird wesentlich vom sozialen Umfeld bestimmt, in dem sie sich bewegen (vgl. Kulturstandard »Harmonie«). Im Geschäftsleben äußert sich die Beziehungsorientierung darin, dass gegenseitiges Vertrauen stärker gewichtet wird als ein Vertrag und bereits die bloße Existenz einer Beziehung zu dessen Einhaltung verpflichtet (Ehrenkodex). Geschäftsabschlüsse werden in Japan außerdem nicht als einzelne Transaktionen, sondern als eine dauerhafte Verpflichtung begriffen. Wie eine Ehe soll die Geschäftsbeziehung ein ganzes Leben lang Bestand haben.

Japaner unterscheiden deutlich zwischen Vertrauten, Bekannten und Fremden. Fremde (»tanin«) befinden sich außerhalb des sorgsam gehegten Beziehungsnetzes. Ihnen gegenüber hat man keine Gefühle, weil einen keine gemeinsame Geschichte verbindet, und man zeigt auch keine Zurückhaltung (»enryo«). Die Beziehung zu Bekannten (z. B. Nachbarn, Kollegen) hingegen basiert auf Gefühlen der Zuneigung (»ninjo«) und dem wechselseitigen Austausch von Gefälligkeiten. Ein erwiesener Gefallen führt zu einem Gefühl von Verpflichtung (»giri«) gegenüber dem anderen, da die Gefälligkeit oder das Geschenk gemäß den sozialen Erwartungen erwidert werden muss – unabhängig davon, ob das dem eigenen emotionalen Bedürfnis entspricht. Der Ursprung von »giri« reicht bis in die Feudalzeit zurück. »On« bezeichnete damals die Gunst (in Form von Land und Schutz), die ein Samurai von seinem Herrn erhielt. Als Gegenleistung war es seine Pflicht (»giri«), seinem Herrn zu dienen. Was als Tugend der Krieger entstand, entwickelte sich mit der Zeit zu einer Verpflichtung für die gesamte Gesellschaft.

Die Beziehungen zu Bekannten werden heute von Japanern als komplizierter erlebt als die Beziehungen zu engen Freunden oder Fremden, da man gegenüber Bekannten sehr viele implizite Regeln – die Regeln des »giri« – beachten und Zurückhaltung üben muss, um das eigene Gesicht und das des anderen nicht zu gefährden. Erst gegenüber Vertrauten (z. B. engen Kollegen, Freunden, Familie) muss man sich nicht mehr zurückhalten, kann so sein, wie man ist, und seine tatsächlichen Gefühle, Wünsche und Absichten (»honne«) eher offenbaren. Diese engen Beziehungen sind nicht nur durch eine hohe Loyalität, sondern auch durch beiderseitige emotionale Abhängigkeit gekennzeichnet.

Die Herstellung tragfähiger Geschäftsbeziehungen verläuft über drei Phasen (Bekanntschaft, Glaubwürdigkeit, Vertrauen) hin zur vierten Phase der Gemeinschaft. In der Phase der Bekanntschaft sammeln die Geschäftspartner so viele Informationen übereinander wie möglich, um die Vertrauenswürdigkeit des anderen und den Erfolg der zukünftigen Zusammenarbeit einschätzen zu können. Da Geschäftsbeziehungen in Japan für das ganze Leben gedacht sind, werden sie sehr vorsichtig aufgenommen. In der Regel werden sie durch einen Dritten vermittelt, mit dem beide Seiten bereits gut bekannt sind. Der Vorteil dieses Vorgehens besteht darin, dass sich beide Partner sehr stark verpflichtet fühlen, erste Vereinbarungen einzuhalten und die Verhandlungen harmonisch zu gestalten, da keiner durch unangemessenes Verhalten den Vermittler beschämen und dessen Gesichtsverlust riskieren möchte. In der Phase der Glaubwürdigkeit stellen beide Seiten ihre Zuverlässigkeit, ihr Engagement und ihre Aufrichtigkeit unter Beweis, so dass in der anschließenden Phase des Vertrauens alle Beteiligten wissen, dass eventuell aufkommende Probleme zur Zufriedenheit aller gelöst werden können. Die intensive Pflege der Beziehung ist in dieser Phase von besonderer Wichtigkeit. Ist eine tragfähige und vertrauensvolle Beziehung einmal etabliert, wird sie unter dem Aspekt der Langfristigkeit, ja sogar Unbegrenztheit, weiter kultiviert (Phase der Gemeinschaft). Von den Beteiligten wird in diesem Stadium unbedingte Loyalität verlangt.

Die Pflege einer Beziehung geschieht in Japan durch den regelmäßigen Austausch von Geschenken und durch gemeinsame Freizeitaktivitäten wie Karaoke, Barbesuche oder Golf. Es wurde bereits erwähnt, dass es zahllose Anlässe zum Beschenken gibt, etwa kalendarisch festgelegte Zeiten im Sommer und im Winter, Hochzeiten, Begräbnisse, die Heimkehr von Reisen und so weiter. Auch Danksagungen sind üblich. Zum Jahreswechsel werden in Japan etwa 40 Billionen Neujahrskarten verschickt, die meist mit der Grußformel »Vielen Dank für die diversen Bemühungen, die Sie mir im vergangenen Jahr zuteil werden ließen!« versehen sind. Jüngere Japaner schenken zwar zunehmend weniger, aber trotzdem stellt der Austausch von Gaben noch immer einen wichtigen Mechanismus zur Regulierung der sozialen Beziehungen dar.

Die Bedeutung von sozialen Beziehungen und sozialen Verhaltensregeln im heutigen Japan ist aus dem Einfluss des Konfuzianismus erwachsen. Bei der Erklärung des Kulturstandards »Harmonie« wurde bereits erläutert, dass das Ziel des Konfuzianismus die Schaffung einer Gesellschaft ist, in der die Menschen auf Grundlage moralischer Verpflichtungen zusammenleben. Die Bedeutung moralischer Verpflichtungen spiegelt sich im heutigen Verständnis von »giri« und der stark ausgeprägten Reziprozitätsnorm beim Schenken wider. Des Weiteren bildet der Konfuzianismus mit seinen fünf Tugenden – Menschlichkeit, Rechtlichkeit/Wohlwollen, Anstand/Sitte, Klugheit/Einsicht und Zuverlässigkeit/Vertrauenswürdigkeit – die kulturhistorische Grundlage für die Werte, nach denen noch heute Beziehungen gestaltet werden.

◼ Themenbereich 5: Gruppenzugehörigkeit

◼ Beispiel 11: Die Willkommensparty

◼ Situation

Herr Grafe hat gerade seine Stelle als Abteilungsleiter in einer Bank angetreten. Er freut sich darüber, dass seine japanischen Kollegen und Mitarbeiter eine Willkommensparty für ihn organisiert haben, da er so alle ein bisschen besser kennen lernen kann. Bei der Party sind jedoch alle schnell betrunken und beginnen, persönliche Details aus ihrem Leben zu erzählen und sogar über die Spielsucht eines Kollegen zu tratschen. Die Mitarbeiter füllen Herrn Grafes Glas ständig wieder voll, so dass er fürchtet, ebenfalls betrunken zu werden. Er möchte jedoch einen guten Eindruck hinterlassen und fühlt sich auch etwas beobachtet, weshalb er heimlich langsamer trinkt. Gegen Ende des Abends muss Herr Grafe eine seiner Mitarbeiterinnen ins Taxi setzen, weil sie so betrunken ist, dass sie kaum noch gehen kann. Er fragt sich, wie die Kollegen nach so einer Party wohl miteinander umgehen werden.

Wie lässt sich das Verhalten der Japaner auf der Willkommensparty erklären?

– Lesen Sie nun die Antwortalternativen nacheinander durch.
– Bestimmen Sie den Erklärungswert jeder Antwortalternative für die gegebene Situation und kreuzen Sie ihn auf der darunter befindlichen Skala an. Es ist möglich, dass mehrere Antwortalternativen den gleichen Erklärungswert besitzen.

■ Deutungen

a) Die Firma wird in Japan als eine Art Familie gesehen. Freizeit und Arbeit sind weniger voneinander getrennt als in Deutschland und gelegentlich feiert man auch ausgelassen zusammen.

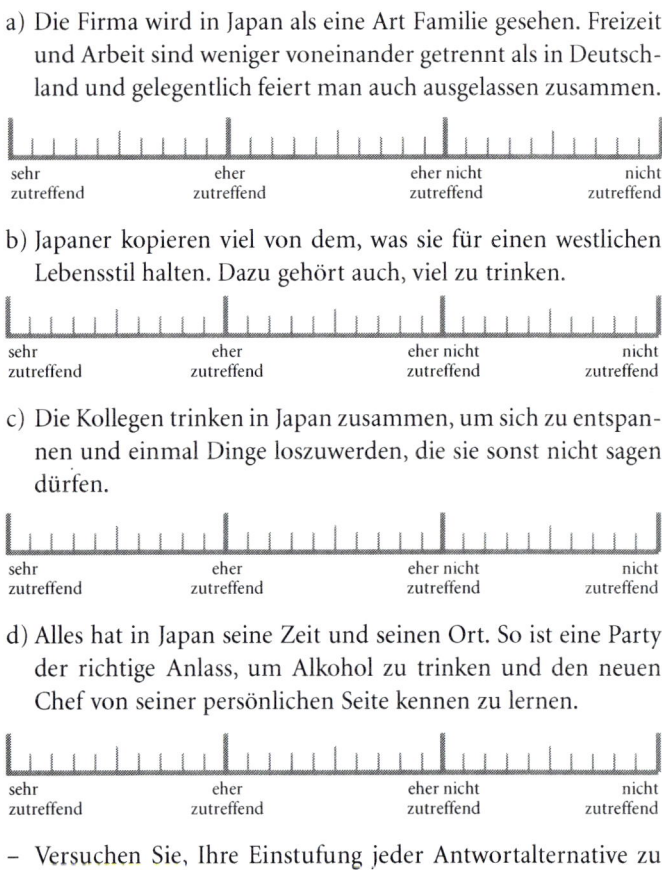

b) Japaner kopieren viel von dem, was sie für einen westlichen Lebensstil halten. Dazu gehört auch, viel zu trinken.

c) Die Kollegen trinken in Japan zusammen, um sich zu entspannen und einmal Dinge loszuwerden, die sie sonst nicht sagen dürfen.

d) Alles hat in Japan seine Zeit und seinen Ort. So ist eine Party der richtige Anlass, um Alkohol zu trinken und den neuen Chef von seiner persönlichen Seite kennen zu lernen.

- Versuchen Sie, Ihre Einstufung jeder Antwortalternative zu begründen. Halten Sie die Begründung in schriftlicher Form stichpunktartig fest.
- Lesen Sie nun die Erläuterungen zu jeder Antwortalternative durch und vergleichen Sie diese mit Ihren eigenen Begründungen.

Erläuterung zu a):

Für viele Japaner ist der Kollegenkreis tatsächlich eine Art Familie. Mit ihm verbringt man sehr viel Arbeits-, aber auch Freizeit. Als junger Mensch wird man durch eine feierliche Zeremonie in die Firma aufgenommen und erhält mitunter sogar eine Arbeitsplatzgarantie für das ganze Leben. Vor allem große Unternehmen kümmern sich umfassend um ihre Mitarbeiter. Sie stellen Werkswohnungen, betriebseigene Ferienhäuser und Sportclubs zur Verfügung. Die Kollegen gehen zusammen aus und teilen auch ihre privaten Sorgen. Die Trennung zwischen Arbeit und Freizeit ist dadurch verwischt, und es entsteht eine enge und emotionale Bindung des Mitarbeiters an seine Firma. Es trifft also zu, dass man gelegentlich auch ausgelassen zusammen feiert.

Erläuterung zu b):

Japan orientiert sich zwar in einigen wirtschaftlichen Aspekten an westlichen Ländern, aber die geschilderte Situation kann durch diese Antwort nicht erklärt werden. Hier wird eher ein im japanischen Arbeitskontext sehr typisches Ritual beschrieben. Man trifft sich mit seiner Arbeitsgruppe im informellen Rahmen, um gemeinsam zu trinken, zu reden und in diesem konkreten Fall auch, um den Vorgesetzten näher kennen zu lernen.

Erläuterung zu c):

In Japan geht man mit seinen Kollegen häufig mehrmals in der Woche gemeinsam trinken und bespricht dabei Neuigkeiten und auch Persönliches, zum Beispiel zwischenmenschliche Probleme und Enttäuschungen bei der Arbeit. Nach einigen Gläsern Alkohol kann man sogar Zweifel an den Entscheidungen des Chefs äußern, ohne dass dieser sein Gesicht verliert. Dem Vorgesetzten bietet der Abend die Möglichkeit, die wahre Meinung seiner Untergebenen zu erfahren und kleinere Fehler zuzugeben. Denn was beim alkoholisierten Beisammensein erzählt wurde, gilt am nächsten Tag als vergessen – so ist es ungeschriebenes Gesetz. Es herrscht die Ansicht, dass das gemeinsame Trinken den Informationsaustausch unter den Kollegen fördert, die bei der engen Zusammenarbeit unvermeidlichen Spannungen abbaut und daher gut für die Nerven ist. In der geschilderten Situation steht allerdings im Vordergrund, dass die Mitarbeiter den neuen Abteilungsleiter persönlich kennen lernen und einfach das Zusammensein genießen wollen. Die Antworten a) und d) treffen daher noch stärker zu als Antwort c).

Erläuterung zu d):
In Japan gibt es eine strikte Trennung zwischen formellen und informellen Situationen. Nur in informellen Situationen, wie zum Beispiel bei einer Party mit den Kollegen, darf man seine wahren Gefühle, Absichten und Meinungen (»honne«) äußern. Für die Mitarbeiter von Herrn Grafe ist die Party eine Gelegenheit, ihren neuen Chef so kennen zu lernen, wie er »wirklich« ist. Die Beziehung zwischen dem Vorgesetzten und seinen Mitarbeitern und auch die Beziehungen unter gleichrangigen Kollegen sind in Japan emotionaler als in Deutschland. Man bildet eine enge und vertraute Gruppe. Daher wird von Herrn Grafe erwartet, dass er mittrinkt und aus sich herausgeht. Dass es in Japan zwischen Arbeitskollegen überhaupt solche informellen Situationen gibt, in denen persönliche Informationen ausgetauscht werden, lässt sich damit erklären, dass die Firma – und besonders die eigene Arbeitsgruppe – häufig fast als Familie betrachtet wird. Antwort a) und Antwort d) ergänzen sich deshalb sehr gut.

▨ Lösungsstrategie

In ähnlichen Situationen sollten Sie ruhig auch etwas trinken und sich öffnen. Sie können beispielsweise von Ihrer Familie oder Ihren Hobbys erzählen. Wenn Sie sich bedeckt halten, weil die Kollegen Ihr Privatleben Ihrer Meinung nach nichts angeht, kann es leicht geschehen, dass diese Sie als kalt oder steif empfinden. Das mag Ihnen auf den ersten Blick vielleicht egal sein, allerdings wird in einem späteren Kapitel noch erklärt werden, warum es von essenzieller Bedeutung ist, eine emotionale Beziehung zu Kollegen und vor allem zu Untergebenen aufzubauen. Sie brauchen nur am Glas zu nippen, aber tun Sie so, als ob Sie ein wenig angeheitert sind. Singen Sie Karaoke-Lieder mit und symbolisieren Sie dadurch, dass Sie ein Teil der Gruppe sind. Ihre Mitarbeiter werden es Ihnen mit Vertrauen, Einsatz und Loyalität danken. Gehen Sie auch nach der Willkommensparty regelmäßig mit den Kollegen trinken. Sie gelangen dadurch an Informationen über aktuelle Projekte und betriebsinterne Stimmungen, Sie können Probleme vorsichtig ansprechen und Ihre Beziehungen pflegen. Wenn Sie mit Ihrer Familie in Japan leben, sollten Sie sich nicht zu sehr unter Druck setzen, die japanischen Kollegen zu jedem Treffen nach Feierabend begleiten zu müssen. In traditionellen Unternehmen kann dies nämlich jeden Abend der Fall sein. Sie können auch während der Arbeitszeit bei einem Tee informelle Gespräche führen und auf lange Sicht versuchen, ein offenes Arbeitsklima herzustellen.

▧ Beispiel 12: Lange Arbeitszeiten

▧ Situation

Herr Säger leitet seit drei Jahren ein Unternehmen, in dem neben Deutschen und Amerikanern auch viele Japaner beschäftigt sind. Immer wieder fällt ihm auf, dass die japanischen Mitarbeiter weit über die festgelegte Arbeitszeit hinaus im Büro bleiben und arbeiten. Dabei stellt er aber fest, dass sie nicht so viel schaffen wie die anderen, und nicht so viel, wie es der Verweildauer im Büro entsprechen würde. Besonders gut kann er das beobachten, wenn es um Aufgaben geht, deren Arbeitsaufwand er sehr genau einschätzen kann. Herr Säger wundert sich dann immer wieder, warum die japanischen Mitarbeiter so viel Zeit benötigen, um ihre Aufgaben zu erledigen. Deutsche Mitarbeiter anderer Unternehmen, mit denen er darüber gesprochen hat, bestätigen seine Beobachtungen.

Warum benötigen die japanischen Mitarbeiter so viel Zeit für die Erledigung der Aufgaben?

– Lesen Sie nun die Antwortalternativen nacheinander durch.
– Bestimmen Sie den Erklärungswert jeder Antwortalternative für die gegebene Situation und kreuzen Sie ihn auf der darun-

ter befindlichen Skala an. Es ist möglich, dass mehrere Antwortalternativen den gleichen Erklärungswert besitzen.

▨ Deutungen

a) Die japanischen Mitarbeiter arbeiten lieber etwas langsamer und sind dafür nicht so gestresst.

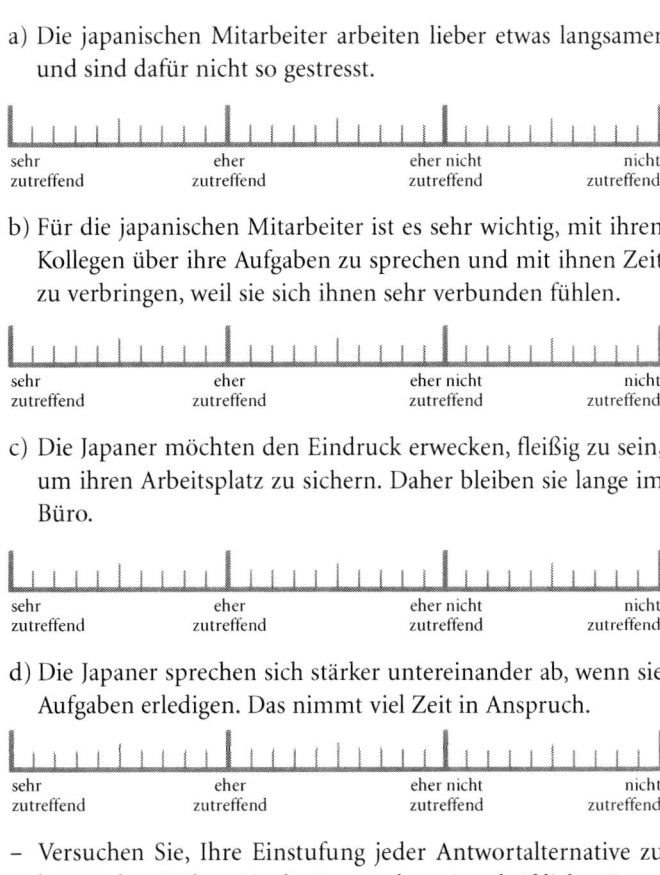

sehr zutreffend   eher zutreffend   eher nicht zutreffend   nicht zutreffend

b) Für die japanischen Mitarbeiter ist es sehr wichtig, mit ihren Kollegen über ihre Aufgaben zu sprechen und mit ihnen Zeit zu verbringen, weil sie sich ihnen sehr verbunden fühlen.

sehr zutreffend   eher zutreffend   eher nicht zutreffend   nicht zutreffend

c) Die Japaner möchten den Eindruck erwecken, fleißig zu sein, um ihren Arbeitsplatz zu sichern. Daher bleiben sie lange im Büro.

sehr zutreffend   eher zutreffend   eher nicht zutreffend   nicht zutreffend

d) Die Japaner sprechen sich stärker untereinander ab, wenn sie Aufgaben erledigen. Das nimmt viel Zeit in Anspruch.

sehr zutreffend   eher zutreffend   eher nicht zutreffend   nicht zutreffend

– Versuchen Sie, Ihre Einstufung jeder Antwortalternative zu begründen. Halten Sie die Begründung in schriftlicher Form stichpunktartig fest.
– Lesen Sie nun die Erläuterungen zu jeder Antwortalternative durch und vergleichen Sie diese mit Ihren eigenen Begründungen.

▓ Bedeutungen

Erläuterung zu a):
Viele Deutsche in Japan beklagen, dass ihre Mitarbeiter langsam und ineffizient arbeiten würden. Dass die Aufgabenerledigung lange dauert, liegt allerdings nicht daran, dass die japanischen Mitarbeiter alles ein bisschen lockerer nehmen und sich nicht stressen lassen wollen. Diese Antwort trifft nicht zu.

Erläuterung zu b):
Für die meisten Japaner ist es sehr wichtig, soziale Kontakte in der Firma zu haben und die Beziehungen zu den Kollegen zu pflegen. Viele schätzen ihre sozialen Kontakte mehr als einen frühen Feierabend und leiden deshalb nicht unbedingt unter den langen Arbeitszeiten. Während der langen Zeit im Büro wird zwischendurch mit Kollegen Tee getrunken und ein Schwätzchen gehalten. Es ist auch üblich und akzeptiert, gelegentlich ein kurzes Schläfchen zu halten. Diese Beispiele illustrieren erneut die Vermischung von Arbeit und Privatleben in Japan. Die Kollegen besprechen aber natürlich nicht nur Privates, sondern auch gemeinsame Projekte und Aufgaben, was viel Zeit kostet. Diese Antwort erklärt die Situation am besten.

Erläuterung zu c):
Früh nach Hause zu gehen, wird in Japan tatsächlich als mangelhafte Arbeitsmoral bewertet. Die Leistung eines Mitarbeiters wird eher nach der Arbeitszeit als nach Effektivität beurteilt. Dass die Mitarbeiter so lange in der Firma anwesend sind, bedeutet allerdings nicht unbedingt, dass sie ihren Arbeitsplatz sichern wollen – zumindest nicht in den Firmen, die lebenslange Anstellungsverhältnisse bieten. Die lange Präsenz zeigt eher die Solidarität der Mitarbeiter untereinander und ihr Bedürfnis nach sozialen Kontakten am Arbeitsplatz.

Erläuterung zu d):
Es ist den japanischen Kollegen sehr wichtig, die Teilschritte einer Aufgabe zu besprechen und einen gemeinsamen Konsens über die Durchführung zu finden (vgl. Kulturstandard »Konsensorientierung«). Die Absprachen nehmen Zeit in Anspruch und

verlängern den Arbeitstag. Diese Antwort erklärt allerdings nicht, warum die Mitarbeiter auch dann lange für die Erledigung von Aufgaben brauchen, wenn sie sich nicht abstimmen müssen.

▩ Lösungsstrategie

Herr Säger kann versuchen, schrittweise ein effizienteres Arbeiten einzuführen. Er könnte seinen Untergebenen vermitteln, dass er ihre Leistung nach dem Ergebnis und nicht nach der Anwesenheitszeit im Unternehmen bewertet. Er selbst sollte mit gutem Beispiel vorangehen und das Büro nicht zu spät verlassen. Auf jeden Fall sollte Herr Säger mit berücksichtigen, dass seinen Mitarbeitern die sozialen Kontakte am Arbeitsplatz sehr wichtig sind. Er sollte auch etwas Verständnis für ihre Arbeitsweise aufbringen und für die Durchführung von Projekten und Aufgaben mehr Zeit einplanen.

▩ Beispiel 13: Die Entlassung

▩ Situation

Herr Otto arbeitet als Abteilungsleiter in einem deutschen Unternehmen in Japan. Seiner Meinung nach sind in seiner Abteilung viel zu viele Mitarbeiter angestellt. Er schildert seinem französischen Vorgesetzten dieses Problem und erhält von ihm die Erlaubnis, Personal zu reduzieren. Nach einigen Tagen bestellt Herr Otto den ersten zu entlassenden Mitarbeiter, Herrn Mitani, in sein Büro. Er erklärt ihm kurz die schwierige wirtschaftliche Lage der Firma und sagt, dass er ihn daher leider entlassen müsse. Er unterbreitet ihm ein schriftliches Angebot über eine Abfindung und möchte, dass Herr Mitani sich dazu äußert. Doch Herr Mitani steht völlig unter Schock. Er ist ganz blass geworden und bekommt kein Wort mehr heraus. Herr Otto muss das Gespräch deshalb nach einer Weile abbrechen. Herr Mitani tut ihm sehr leid, aber er weiß auch nicht, wie er ihm die Entlassung schonender hätte beibringen können. In Deutschland wirkten Mitarbeiter außerdem nie so vernichtet, wenn er sie entlassen musste.

Wieso steht Herr Mitani derart unter Schock, nachdem er von seiner Kündigung erfahren hat?

- Lesen Sie nun die Antwortalternativen nacheinander durch.
- Bestimmen Sie den Erklärungswert jeder Antwortalternative für die gegebene Situation und kreuzen Sie ihn auf der darunter befindlichen Skala an. Es ist möglich, dass mehrere Antwortalternativen den gleichen Erklärungswert besitzen.

▨ Deutungen

a) Herr Otto hat Herrn Mitani keine Zeit gelassen, sich innerlich auf eine mögliche Kündigung vorzubereiten.

sehr zutreffend	eher zutreffend	eher nicht zutreffend	nicht zutreffend

b) Herr Mitani befindet sich persönlich in einer Situation, in der ihn der Verlust des Arbeitsplatzes besonders hart trifft.

sehr zutreffend	eher zutreffend	eher nicht zutreffend	nicht zutreffend

c) In Japan gibt es keine soziale Absicherung bei Arbeitslosigkeit. Deshalb bringt eine Entlassung dramatische Probleme mit sich.

sehr zutreffend	eher zutreffend	eher nicht zutreffend	nicht zutreffend

d) Der Japaner fühlt sich mit seiner Firma sehr verbunden. Deshalb trifft ihn die Entlassung besonders hart.

sehr zutreffend	eher zutreffend	eher nicht zutreffend	nicht zutreffend

- Versuchen Sie, Ihre Einstufung jeder Antwortalternative zu begründen. Halten Sie die Begründung in schriftlicher Form stichpunktartig fest.
- Lesen Sie nun die Erläuterungen zu jeder Antwortalternative durch und vergleichen Sie diese mit Ihren eigenen Begründungen.

◼ Bedeutungen

Erläuterung zu a):

Für Herrn Mitani ist die Kündigung aus heiterem Himmel gekommen, da Herr Otto seine Abteilung nicht darauf vorbereitet hat, dass es der Firma sehr schlecht geht und Stellenkürzungen nicht mehr vermieden werden können. Im Gespräch hätte er Herrn Mitani Zeit lassen müssen, sich an den Gedanken einer Entlassung zu gewöhnen. Herr Otto hätte ihm auch nicht sofort ein Abfindungsangebot vorlegen sollen. Herr Mitani schweigt im Gespräch, weil er versucht, in der unerwarteten Situation sein Gesicht zu wahren.

Erläuterung zu b):

Auch andere Mitarbeiter würden ähnlich geschockt reagieren, wenn Herr Otto sie überraschend entlässt und ihnen eine Abfindung vorschlägt. Diese Antwort trifft nicht zu.

Erläuterung zu c):

Es trifft nicht zu, dass es in Japan überhaupt keine soziale Absicherung bei Arbeitslosigkeit gibt; jedoch ist das soziale Sicherheitsnetz im Vergleich zu Deutschland wesentlich schwächer entwickelt, so dass eine Entlassung für Angestellte in Japan härtere Folgen hat. Vor der Wirtschaftskrise in den 90er Jahren gab es in Japan kaum Arbeitslose, so dass keine Notwendigkeit für den Aufbau eines umfangreichen Sicherungssystems bestand. Um die wenigen Arbeitslosen kümmerten sich traditionell deren Familien oder auch deren ehemalige Firmen. Während der Wirtschaftskrise wurde das soziale Netz leider nicht so stark ausgebaut, wie es notwendig gewesen wäre. Herrn Mitanis Reaktion ist trotzdem nur teilweise auf die Angst vor Arbeitslosigkeit zurückzuführen.

Erläuterung zu d):
Die langjährige Kultivierung des Managementkonzepts der »Firma als Familie« hat zu einer Organisationskultur geführt, in der die lebenslange Anstellung von Mitarbeitern eine wichtige Rolle spielt. Man geht davon aus, dass sich die Arbeitsplatzsicherheit in starkem Engagement der Mitarbeiter für die Firma niederschlägt. Kündigungen wurden erst in der Wirtschaftskrise der 90er Jahre in größerem Ausmaß nötig. Viele Angestellte sind trotzdem immer noch an sichere Arbeitsplätze gewöhnt, so dass eine Entlassung fast einem traumatischen Erlebnis gleichkommt. Herr Mitani glaubt wahrscheinlich, dass er einen so gravierenden Fehler gemacht hat, dass Herr Otto nicht mehr mit ihm zusammenarbeiten will. Durch die Kündigung wird Herr Mitani aus der Gruppe ausgeschlossen, was für ihn einen starken Verlust von Nähe und sozialer Geborgenheit darstellt. Es ist also kein Wunder, dass er von der Nachricht völlig geschockt ist. Diese Antwort trifft zusammen mit Antwort a) am meisten zu.

■ Lösungsstrategie

Herr Otto sollte grundsätzlich erst einmal andere Möglichkeiten der Personalkostenreduktion ausschöpfen, bevor er über Entlassungen nachdenkt. Kündigungen sind in Japan mittlerweile zwar üblicher als noch vor 15 Jahren, aber sie sind noch immer – wie überall – mit erheblichen negativen Konsequenzen für die Entlassenen verbunden (Verlust der sozialen Kontakte am Arbeitsplatz, finanzielle Probleme). Außerdem wirken sich Kündigungen negativ auf die in Japan so wichtige Loyalität der verbliebenen Mitarbeiter aus.

Zuerst könnte Herr Otto versuchen, Mitarbeiter innerhalb der eigenen Firma zu versetzen. Ist das nicht möglich, kann er eine Gehaltskürzung mit den Mitarbeitern vereinbaren, die auch sein eigenes Gehalt betrifft. Dadurch rücken alle enger zusammen und versuchen, die Krise gemeinsam und mit hohem Einsatz zu meistern. Sollten Entlassungen jedoch unvermeidlich sein, dann ist es

Aufgabe der Führungskraft, ihre Mitarbeiter bei der Suche nach neuen Arbeitsstellen zu unterstützen. Es ist üblich, bei Firmen aus dem gemeinsamen Unternehmensnetzwerk nachzufragen, ob die Mitarbeiter dorthin versetzt werden können. Da die meisten japanischen Angestellten eher Generalisten als Spezialisten sind, fällt es ihnen relativ leicht, sich in neue Aufgabengebiete einzuarbeiten.

Geraten Sie in eine ähnliche Situation wie Herr Otto, so sollten Sie im Kündigungsgespräch auf jeden Fall noch sensibler vorgehen als in Deutschland, da die Zugehörigkeit zur Firma den meisten Mitarbeitern sehr viel bedeutet. Signalisieren Sie, dass die Firma in einer sehr schwierigen Lage ist, den Mitarbeiter aber keine Schuld trifft. Danken Sie ihm für sein Engagement und seinen unermüdlichen Einsatz und drücken Sie Ihre Trauer darüber aus, dass Sie die Entlassung nicht vermeiden konnten. Ihr ehrliches Mitgefühl ist für den Mitarbeiter sehr wichtig (vgl. Kulturstandard »Paternalismus«). Trennen Sie möglichst die Ankündigung der Entlassung und Gespräche über Abfindungen, damit der Mitarbeiter Zeit findet, sich auf die neue Situation einzustellen und seine Emotionen unter Kontrolle zu bringen. Holen Sie sich auf jeden Fall Rat bei der Personalabteilung oder vertrauten japanischen Kollegen dazu, wie diese eine Kündigung aussprechen würden.

▨ Kulturelle Verankerung von »Gruppenzugehörigkeit«

Ein grundlegendes Charakteristikum der japanischen Gesellschaft ist die enge Bindung von Individuen an Gruppen. Das Ziel der Gruppenmitglieder ist es, die zwischenmenschliche Harmonie zu erhalten, weshalb eigene Interessen denen der Gruppe untergeordnet werden. Im Gegenzug spendet die Gruppe Geborgenheit, Sicherheit und Nähe durch viele enge soziale Beziehungen. Der Einzelne findet seinen Freiraum in dieser Geborgenheit, solange er die Harmonie nicht stört. Die drei wichtigsten großen Gruppen im Leben eines Japaners sind in der Regel sein Heimatort, seine Universität und seine Arbeitsgruppe beziehungsweise seine Firma.

Viele japanische Firmen propagieren die Vision von der Firma als »Familie«, in der der Vorgesetzte die Vaterrolle einnimmt und die Angestellten wohlwollend fördert und fordert. Dies soll unterstützen, dass sich die Mitarbeiter vornehmlich mit dem Unternehmen identifizieren und erst an zweiter Stelle mit ihrer Funktion oder Tätigkeit. Als oberstes Ziel aller Firmenmitglieder wird der Erhalt und Erfolg des Unternehmens betrachtet, welcher durch Engagement und vertrauensvolle Zusammenarbeit erreicht werden kann. Um eine möglichst starke Identifizierung mit dem Unternehmen zu erreichen, haben viele Firmen eine Reihe von Managementprinzipien und Ritualen entwickelt. Neues Personal wird einmal im Jahr mit einer feierlichen Zeremonie in die Firma aufgenommen. Die neuen Mitarbeiter werden nicht gemäß ihrer beruflichen Qualifikation auf Positionen verteilt, sondern durchlaufen eine betriebsinterne Ausbildung, bei der sie mehrere Abteilungen kennen lernen. Dadurch und durch spätere regelmäßige Jobrotation fühlt sich der Mitarbeiter eher der Firma zugehörig als einer bestimmten Berufsgruppe. Bei der betriebsinternen Ausbildung liegt der Schwerpunkt außerdem auf der Anpassung der Neulinge an die Firmenkultur und auf der Erziehung zur Loyalität gegenüber dem Unternehmen.

Als Gegenleistung kümmert sich die Firma um das Wohlbefinden ihrer Mitarbeiter, indem sie Wohnungen, Ferienheime oder Sozialleistungen zur Verfügung stellt. Die Interessen der Angestellten werden durch betriebsinterne Gewerkschaften vertreten. Die Belegschaft wird fortlaufend über Umsatzzahlen und zukünftige Pläne der Firma informiert. Sie kann an Veränderungen partizipieren und identifiziert sich dadurch noch mehr mit der Firma und ihren Zielen.

Ein weiteres Instrument der Mitarbeiterbindung ist das Senioritätsprinzip – die Beförderung und Entlohnung nach Dienstalter. Die Karrierechancen des Mitarbeiters erhöhen sich, je länger er der Firma treu bleibt. In Großunternehmen können qualifizierte Arbeitskräfte außerdem durch eine lebenslange Arbeitsplatzgarantie gebunden werden. Die Garantie wird zwar seit den 90er Jahren nicht mehr in dem Ausmaß gegeben wie zuvor, aber die Ansicht, dass eine lebenslange Anstellung zu dauerhafteren und konfliktfreieren Verhältnissen zwischen Arbeitgeber und Arbeitnehmer, zu einer hohen Arbeitsmotivation und größerem Unternehmenserfolg führt, ist immer noch verbreitet.

Das Zugehörigkeitsgefühl des Einzelnen zu seiner unmittelbaren Arbeitsgruppe wird dadurch gesteigert, dass die Leistungen der *Gruppe* und der *Teamgeist* positiv bewertet werden und nicht die Leistungen des Einzelnen. Außerdem stärken gemeinsame Erlebnisse in der Freizeit und abendliche Barbesuche mit informellen Gesprächen die vertrauensvollen und emotionalen Beziehungen innerhalb der Gruppe. Die Kehrseite der engen Bindung an die Eigengruppe ist eine starke Isolation von Mitgliedern anderer Gruppen und ein ausgeprägter Wettbewerb zwischen Gruppen.

Ein besonderes Kennzeichen japanischer Firmen sind die so genannten »Old-Boy«-Netzwerke, die aus ehemaligen Absolventen derselben Universität bestehen. Während des Studiums entwickeln sich freundschaftliche Beziehungen unter den Studenten, die später im Arbeitsleben als informelle Netzwerke fortbestehen, da die Studenten einer Universität oft im gleichen Unternehmen eingestellt werden. Die »Old Boys« einer Firma fördern intern besonders die Absolventen ihrer eigenen Universität und tauschen abteilungsübergreifend Informationen aus. Die Bindung der im gleichen Jahr eingestellten Absolventen aneinander und an die Firma vertieft sich durch die gemeinsame Ausbildung und durch Jahrgangsclubs, in denen man sich regelmäßig trifft.

Kulturhistorisch lässt sich die starke Verbundenheit mit einer Gruppe auf das Zusammenleben in den frühen Dorfgemeinschaften zurückführen. Der Reisanbau in den Bergen erforderte komplizierte Bewässerungsanlagen und die kontinuierliche Anstrengung aller Dorfmitglieder. Während die Jagd bei den Germanen Mut und Geschick des Einzelnen belohnte, führte in Japans Reisdörfern die enge Kooperation der Gruppe zum Erfolg.

Auch der Familismus im japanischen Management zeigt einige Parallelen zum Leben in den frühen Dorfgemeinschaften. Das bis zum Jahr 300 unserer Zeitrechnung existente Familiensystem der Reisbauern wird als ein egalitäres, soziales, demokratisches und emotionales Matriarchat beschrieben, bei dem die Dorfmitglieder nach Geschlecht und Altersstufen getrennt in Gruppen lebten. In japanischen Unternehmen fallen heute noch die strikte Arbeitsteilung zwischen den Geschlechtern, die gruppenweise

Einteilung neuer Mitarbeiter ohne Berufserfahrung und die Existenz von firmeneigenen Junggesellenwohnungen auf.

Durch den Aufstieg des Schwertadels – der Samurai – und den Einfluss des Konfuzianismus setzte sich in Japan ein neues Familiensystem durch: das »Ie«. Unter einem »ie« versteht man einen Haushalt, in dem sowohl Blutsverwandte als auch angeheiratete oder adoptierte Familienmitglieder zusammenlebten. Individuelle Interessen mussten dem Hausinteresse untergeordnet werden, das maßgeblich vom männlichen Oberhaupt der Familie bestimmt wurde. Die Mitglieder des »ie« sollten harmonisch zusammenleben, den Fortbestand des »ie« sichern, sich loyal und höflich verhalten und die Ahnen verehren. Die Zugehörigkeit zu einem Haus machte die soziale Identität eines Individuums aus.

In der Meiji-Zeit von 1868 bis 1912 übertrug man das Ideal der Familienharmonie auf den Staat, in dem die Untergebenen wie in einer Familie zugunsten der Nation und des Kaisers auf ihre Rechte verzichten sollten. In der Meiji-Zeit begann auch die Industrialisierung, in deren Verlauf sich die Arbeitsbedingungen stark verschlechterten, die Fluktuationsrate von Arbeitskräften anstieg und Streiks stattfanden. Als Anfang des 20. Jahrhunderts qualifizierte Arbeitskräfte knapp wurden, besann man sich in der Personalpolitik auf das Konzept des »ie« und entwickelte den Familismus als Führungsstil, um gute Mitarbeiter langfristig zu binden.

Seit der Wirtschaftskrise in den 90er Jahren deutet sich ein Strukturwandel im japanischen Management an. Senioritätsprinzip und lebenslange Beschäftigung verlieren an Bedeutung. Entlassungswellen haben dazu geführt, dass Kündigung und Firmenwechsel nicht mehr als ungewöhnlich gelten. Die gestiegene Arbeitslosenquote wirkt sich auch auf die Arbeitseinstellung der Japaner aus. Die Loyalität gegenüber der Firma ist heute nicht mehr so stark wie zu Zeiten eines sicheren Arbeitsplatzes. Junge Leute sind außerdem zunehmend an einem frühen Feierabend und mehr Freizeit interessiert, so dass sie effizientes Arbeiten favorisieren.

Themenbereich 6: Abgrenzung gegenüber Außenstehenden

Beispiel 14: Der Fehler

Situation

Herr Kiefer arbeitet in der Produktentwicklung und testet häufig neue Produkte. Einmal beobachtet er die Arbeit einer anderen Abteilung, in der Herr Yamaguchi seinen Kollegen gerade die Durchführung eines Tests zeigt. Herr Kiefer bemerkt, dass Herr Yamaguchi bei der Auswertung einen Fehler macht und dass das Ergebnis nicht brauchbar sein wird. Er spricht daraufhin Herrn Edamoto – einen Kollegen von Herrn Yamaguchi – an, damit dieser ihn auf den Fehler hinweisen und die Auswertung abbrechen kann. Herr Edamoto schaut Herrn Kiefer jedoch nur befremdet an und reagiert nicht weiter. Herr Kiefer wendet sich daraufhin an den Abteilungsleiter und teilt ihm mit, dass die Auswertung des Tests in die falsche Richtung läuft. Dieser wirkt dankbar für den Hinweis, stoppt die Auswertung und berichtigt den Fehler von Herrn Yamaguchi.

Warum reagiert Herr Edamoto befremdet auf Herrn Kiefers Hinweis?

– Lesen Sie nun die Antwortalternativen nacheinander durch.
– Bestimmen Sie den Erklärungswert jeder Antwortalternative für die gegebene Situation und kreuzen Sie ihn auf der darunter befindlichen Skala an. Es ist möglich, dass mehrere Antwortalternativen den gleichen Erklärungswert besitzen.

◼ Deutungen

a) Herr Edamoto ist Offenheit gewöhnt und versteht nicht, warum Herr Kiefer seinen Kollegen nicht direkt anspricht.

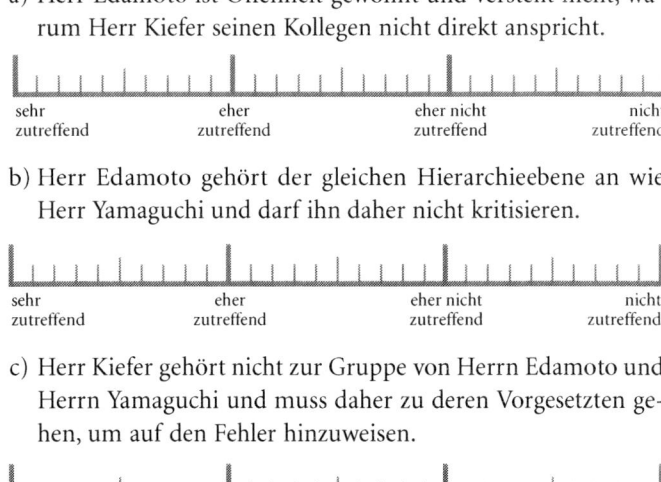

b) Herr Edamoto gehört der gleichen Hierarchieebene an wie Herr Yamaguchi und darf ihn daher nicht kritisieren.

sehr   eher   eher nicht   nicht
zutreffend   zutreffend   zutreffend   zutreffend

c) Herr Kiefer gehört nicht zur Gruppe von Herrn Edamoto und Herrn Yamaguchi und muss daher zu deren Vorgesetzten gehen, um auf den Fehler hinzuweisen.

sehr   eher   eher nicht   nicht
zutreffend   zutreffend   zutreffend   zutreffend

d) Herr Edamoto will sein gutes Verhältnis zu Herrn Yamaguchi nicht aufs Spiel setzen und sagt deshalb nichts.

sehr   eher   eher nicht   nicht
zutreffend   zutreffend   zutreffend   zutreffend

– Versuchen Sie, Ihre Einstufung jeder Antwortalternative zu begründen. Halten Sie die Begründung in schriftlicher Form stichpunktartig fest.

– Lesen Sie nun die Erläuterungen zu jeder Antwortalternative durch und vergleichen Sie diese mit Ihren eigenen Begründungen.

◼ Bedeutungen

Erläuterung zu a):

Bei einem sehr offenen Betriebsklima und einem guten Vertrauensverhältnis innerhalb der Arbeitsgruppe ist es manchmal durchaus üblich, unter Kollegen Fehler anzusprechen. Herr Kiefer gehört allerdings einer *anderen* Arbeitsgruppe an und darf Herrn Yamaguchi deshalb nicht auf den Fehler hinweisen. Dies würde für Herrn Yamaguchi einen Gesichtsverlust bedeuten. Antwort a) trifft daher nicht zu.

Erläuterung zu b):

An dieser Antwort ist richtig, dass Kritik in der Regel vom Vorgesetzten geübt wird, weil die Kritik von Gleichrangigen eher zu einem Gesichtsverlust des Kritisierten führen kann. Herr Edamoto fühlt sich nicht dafür zuständig, seinen Kollegen auf den Fehler aufmerksam zu machen. Allerdings können Fehler durchaus auch von Kollegen angesprochen werden, wenn die Beziehungen untereinander stabil sind. Diese Antwort trifft deshalb nur bedingt zu.

Erläuterung zu c):

In Japan existieren unterschiedliche Verhaltensregeln für die Interaktion mit Mitgliedern der eigenen Gruppe (»uchi« – drinnen) und die Interaktion mit Außenstehenden (»soto« – draußen). Da Herr Kiefer zu einer anderen Abteilung gehört, also ein Außenstehender ist, darf er nicht einfach einen Mitarbeiter aus Herrn Edamotos Gruppe kritisieren oder versuchen, die Kritik über ihn zu vermitteln. Die Kommunikation muss über den Vorgesetzten laufen, um die Etikette einzuhalten und Herrn Yamaguchis Gesicht zu wahren. Deshalb reagiert Herr Edamoto befremdet, als Herr Kiefer ihn bittet, seinen Kollegen zu kritisieren. Diese Antwort erklärt die Situation am besten.

Erläuterung zu d):

Japanern sind die Beziehungen zu ihren Kollegen und eine harmonische Arbeitsatmosphäre sehr wichtig. Es ist durchaus möglich, dass Herr Edamoto befürchtet, durch eine Kritik an Herrn Yamaguchi die gute Beziehung zu ihm zu gefährden, und dass er deshalb schweigt. Allerdings gibt es andere Antworten, die sein Verhalten besser erklären.

Gehört man nicht der gleichen Arbeitsgruppe an, sollte man in Japan der Hierarchie entsprechend mit dem Vorgesetzten der anderen Arbeitsgruppe kommunizieren, wenn Kritik geäußert werden muss. Kritik von gleichrangigen Mitgliedern anderer Arbeitsgruppen wird nicht erwartet. Die Kommunikation zwischen verschiedenen Abteilungen ist im Allgemeinen spärlich, und in der Regel bestehen keine vertrauten zwischenmenschlichen Beziehungen, die ein vorsichtiges und indirektes Ansprechen von Fehlern ermöglichen würden.

■ Beispiel 15: Der »japanische Geist«

■ Situation

Norbert Büchner arbeitet seit einem halben Jahr in einer Unternehmensberatung in Tokio. Er unterhält sich mit seinem Kollegen Hideo darüber, ob er seinen Vertrag in Japan verlängern lassen sollte. Hideo überlegt und sagt nach einer Weile: »Du sprichst zwar gut japanisch, aber du verstehst den japanischen Geist noch nicht. Er ist noch nicht in dir herangewachsen. Als Japaner wüsstest du zum Beispiel, wenn du etwas fragst, schon meine Reaktion.« Das sei besonders in Meetings zu merken: Japaner würden sich stärker auf die Meinung der anderen einstellen und schon ahnen, was der andere sagen wolle. Norbert sieht Hideos Antwort als Hinweis, dass er seinen Vertrag nicht verlängern sollte. Er kann aber dessen Argument vom »japanischen Geist« nicht nachvollziehen.

Warum argumentiert Hideo damit, dass in Norbert noch nicht der »japanische Geist« herangewachsen sei?

– Lesen Sie nun die Antwortalternativen nacheinander durch.
– Bestimmen Sie den Erklärungswert jeder Antwortalternative für die gegebene Situation und kreuzen Sie ihn auf der darunter befindlichen Skala an. Es ist möglich, dass mehrere Antwortalternativen den gleichen Erklärungswert besitzen.

■ Deutungen

a) Hideo will Norbert vermitteln, dass sich Japaner aufgrund ihrer gemeinsamen Sozialisation auch ohne Worte verstehen und dies mit Ausländern nur schwer möglich ist.

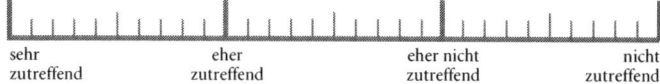

| sehr zutreffend | eher zutreffend | eher nicht zutreffend | nicht zutreffend |

b) Hideo scheut sich, Norbert direkt zu sagen, dass er seinen Vertrag nicht verlängern sollte, und redet deshalb vom »japanischen Geist«.

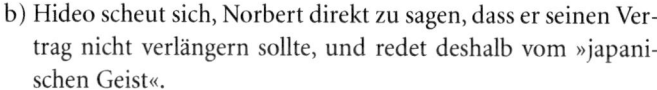

| sehr zutreffend | eher zutreffend | eher nicht zutreffend | nicht zutreffend |

c) Ausländer sind in Japan nicht sehr angesehen. Deshalb fühlt sich Hideo berechtigt, Norbert seine Schwächen vor Augen zu führen.

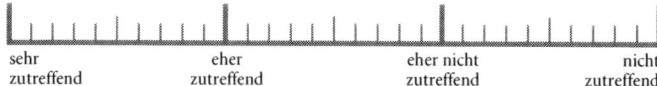

| sehr zutreffend | eher zutreffend | eher nicht zutreffend | nicht zutreffend |

d) Es gibt Japaner, die ihre Kultur für besonders und einzigartig halten. Sie glauben, dass Ausländer ihre Kultur und den »japanischen Geist« nie ganz verstehen können.

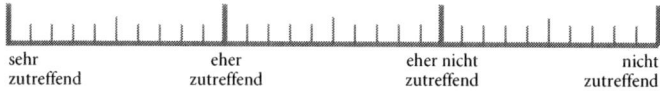

| sehr zutreffend | eher zutreffend | eher nicht zutreffend | nicht zutreffend |

– Versuchen Sie, Ihre Einstufung jeder Antwortalternative zu begründen. Halten Sie die Begründung in schriftlicher Form stichpunktartig fest.
– Lesen Sie nun die Erläuterungen zu jeder Antwortalternative durch und vergleichen Sie diese mit Ihren eigenen Begründungen.

Erläuterung zu a):

Hideo versteht unter dem »japanischen Geist« die Fähigkeit von Japanern, die Meinungen, Wünsche oder Absichten ihrer Gesprächspartner aus nonverbalen Signalen und aus dem Kontext zu erschließen. Diese Fähigkeit, die man in vielen asiatischen Kulturen finden kann, basiert auf drei Ursachen. Japaner lernen schon von Kindesbeinen an, Botschaften zwischen den Zeilen zu lesen. Die Kultur Japans ist außerdem relativ homogen, so dass Japaner weitestgehend dieselben Verhaltensregeln (Etikette) kennen und als Kontextinformationen für die Erklärung einer Situation benutzen können. Das stille Einvernehmen von Norberts Kollegen in Meetings lässt sich zusätzlich dadurch erklären, dass in japanischen Gruppen sehr dichte Informationsnetze bestehen und die Mitarbeiter sich auf dem aktuellsten Stand über Projekte oder Meinungen der anderen halten. So genügen für sie schon kleinste Andeutungen, um sofort Bescheid zu wissen, während Norbert, der erst seit kurzem in der Firma ist, explizitere und detailliertere Informationen benötigt und im Meeting häufiger nachfragt als seine Kollegen. Diese Antwort erklärt Hideos Argumentation; sie erklärt allerdings noch nicht, warum er vom »japanischen Geist« spricht.

Erläuterung zu b):

Hideo ist verpflichtet, höflich auf Norberts direkte Frage zu antworten, da dieser sein Gesicht verlieren würde, wenn Hideo ihm deutlich empfiehlt, seinen Vertrag nicht zu verlängern. Hideo spricht allerdings nicht nur vom »japanischen Geist« um auszuweichen, sondern weil er tatsächlich glaubt, dass dieser Norbert fehlt, in Japan aber sehr wichtig ist. Andere Antworten erklären besser, warum Hideo in dieser Situation mit dem »japanischen Geist« argumentiert.

Erläuterung zu c):

Westliche Ausländer werden in Japan zwar anders behandelt als Japaner, aber sie genießen einen hohen Status. Sie werden eher bewundert, als dass man ihnen ihre Schwächen aufzeigt. Viele Japaner und vor allem die jüngeren orientieren sich gern an westlichen Vorbildern. Diese Antwort trifft nicht zu.

Erläuterung zu d):

»Yamato-damashii« bezeichnet den japanischen Geist und Charakter, den ein großer Teil der Japaner für einzigartig in der Welt hält. Diese Tendenz zur Selbstexotisierung führt dazu, dass man in Japan zahllose Bücher mit so genannten »Japanertheorien« kaufen kann, die die Besonderheit der Japaner zu beweisen versuchen. Hideo glaubt an die verbreitete Japanertheorie, dass nur Japaner implizit und kontextorientiert kommunizieren. In der Erläuterung zu a) wurde jedoch schon erwähnt, dass es diese Kommunikationsweise auch in vielen anderen Ländern gibt. Zwei Drittel der Japaner glauben außerdem, dass Ausländer niemals in der Lage sein werden, die japanische Kultur vollständig zu verstehen. Hideo meint zwar zu Norbert, dass der japanische Geist *noch* nicht in ihm herangewachsen sei. Ob er dies nur aus Höflichkeit sagt oder es tatsächlich meint, ist schwer zu sagen. Diese Antwort trifft zusammen mit Antwort a) am meisten zu.

▩ Lösungsstrategie

Für eine effektive Kommunikation mit japanischen Kollegen und Geschäftspartnern ist es von großer Bedeutung, implizite und kontextorientierte Kommunikationsmuster zu erkennen und anzuwenden. Norbert könnte Hideo fragen, ob er ihm dabei helfen könnte, die japanische Art der Kommunikation besser zu verstehen und zu erlernen. Zur impliziten Kommunikation gehört zum Beispiel, dass man seinen Kollegen die Möglichkeit gibt, ihre Meinung indirekt zu äußern, weil man weiß, dass die Etikette das von ihnen verlangt (Kontextinformation). Es ist außerdem von Vorteil, häufig an informellen Gesprächen im Büro teilzunehmen, um einen gemeinsamen Wissensstand mit den Kollegen aufzubauen. Dennoch sollten Sie sich immer bewusst sein, dass Ausländer in Japan eine Sonderstellung einnehmen. Sie werden anders behandelt als Japaner, dürfen dafür aber auch Fehler machen, die Japaner sich nicht leisten können.

▓ Beispiel 16: »Your Japanese is very good«

▓ Situation

Herr Tillmans lebt bereits seit 15 Jahren in Japan. Es nervt ihn, dass manche Japaner immer noch überrascht reagieren, wenn er japanisch spricht. Einige antworten ihm sogar beharrlich auf Englisch, selbst wenn sie ihn gut kennen. Eine Bekannte äußert immer »Your Japanese is very good!«, statt dies einmal auf Japanisch zu sagen. Herr Tillmans ärgert sich auch über Kommentare wie »Ach, Sie können mit Stäbchen essen!« oder »Vertragen Sie denn rohen Fisch?« Er kann nicht verstehen, warum die Leute über so etwas immer noch erstaunt sind, obwohl sie wissen, wie lange er schon im Land lebt.

Warum sind die Japaner immer noch erstaunt darüber, dass Herr Tillmans japanisch spricht und japanisches Essen mag?

- Lesen Sie nun die Antwortalternativen nacheinander durch.
- Bestimmen Sie den Erklärungswert jeder Antwortalternative für die gegebene Situation und kreuzen Sie ihn auf der darunter befindlichen Skala an. Es ist möglich, dass mehrere Antwortalternativen den gleichen Erklärungswert besitzen.

▓ Deutungen

a) Einige Japaner wollen ihr Englisch verbessern und sprechen deshalb mit Ausländern nur Englisch.

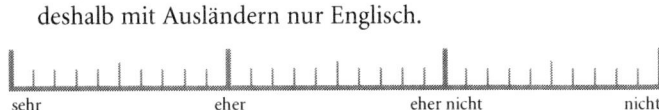

sehr	eher	eher nicht	nicht
zutreffend	zutreffend	zutreffend	zutreffend

b) In Japan ist es üblich, die Sprache des Hierarchiehöheren zu benutzen. Wenn es sich bei diesem um einen westlichen Ausländer handelt, wird englisch gesprochen.

sehr	eher	eher nicht	nicht
zutreffend	zutreffend	zutreffend	zutreffend

c) Die Japaner möchten, dass sich der Deutsche wohl fühlt, und
sprechen darum englisch mit ihm. Sie gehen davon aus, dass
ihm das leichter fällt, als japanisch zu sprechen.

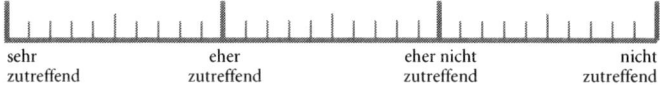

sehr	eher	eher nicht	nicht
zutreffend	zutreffend	zutreffend	zutreffend

d) Japaner glauben, dass Ausländer die einzigartige japanische
Kultur und Sprache nie vollständig verstehen oder erlernen
können.

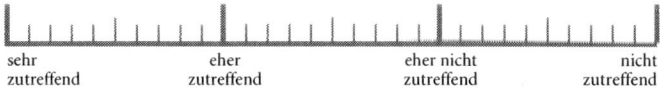

sehr	eher	eher nicht	nicht
zutreffend	zutreffend	zutreffend	zutreffend

– Versuchen Sie, Ihre Einstufung jeder Antwortalternative zu
begründen. Halten Sie die Begründung in schriftlicher Form
stichpunktartig fest.
– Lesen Sie nun die Erläuterungen zu jeder Antwortalternative
durch und vergleichen Sie diese mit Ihren eigenen Begründungen.

■ Bedeutungen

Erläuterung zu a):
Im Englischunterricht japanischer Schulen wird selten das Sprechen geübt. Daher können Japaner Englisch oft gut schreiben,
aber weniger gut aussprechen und verstehen. Einige sprachlich
interessierte Japaner nutzen daher jede Chance, mit einem Ausländer englisch zu reden, um ihre Sprachfähigkeiten zu verbessern. Es gibt allerdings auch Japaner, die nicht besonders an dieser Sprache interessiert sind, sie aber trotzdem gegenüber Ausländern benutzen. Diese Antwort erklärt die Situation also nur
bedingt.

Erläuterung zu b):
In Japan muss man viele Verhaltensregeln einhalten, um Hierarchiehöheren genügend Respekt zu zollen. Eine dieser Regeln be-
sagt, dass man die Sprache des Hierarchiehöheren sprechen soll-

te. Da westliche Entsandte meist einen hohen Status in der Firma haben, spricht man mit ihnen also englisch. Allerdings sprechen Japaner häufig auch gegenüber untergebenen Deutschen beharrlich englisch. Diese Antwort erklärt außerdem auch nicht, warum Japaner sich über die Japanischkenntnisse von Ausländern und deren Vertrautheit mit der japanischen Esskultur wundern.

Erläuterung zu c):
Japaner sind sehr darauf bedacht, harmonische und vertrauensvolle Beziehungen zu Personen in ihrer Gruppe aufzubauen. Daher machen sie dem Deutschen Komplimente zu seinen Sprachkenntnissen und wollen ihm gleichzeitig entgegenkommen, indem sie mit ihm englisch sprechen. Sie denken, dass es westlichen Ausländern wesentlich leichter fällt englisch zu sprechen als japanisch. Warum sie das aber auch noch glauben, wenn ein Ausländer wie Herr Tillmans bereits seit vielen Jahren in Japan lebt, erklärt eine andere Antwort.

Erläuterung zu d):
Wenn Japaner mit westlichen Ausländern englisch sprechen, ist das als höfliches Entgegenkommen zu bewerten. Aber viele Japaner glauben auch, dass Ausländer eigentlich nicht japanisch sprechen können, da die Sprache und der Kommunikationsstil so kompliziert und einzigartig in der Welt sind. Viele Japaner sind davon überzeugt, dass Ausländer ihre Sprache niemals vollständig beherrschen können. Einige behaupten sogar, dass nur Menschen japanischen Blutes *und* japanischer Sozialisation Japanisch erlernen können. Diese Antwort trifft zusammen mit Antwort c) am meisten zu.

▓ Lösungsstrategie

Als Ausländer wird es Ihnen häufig passieren, dass Ihr Gegenüber auf Englisch antwortet, obwohl Sie selbst japanisch gesprochen haben. Es gibt mehrere Möglichkeiten, wie Sie darauf reagieren können. Sollte Ihr Japanisch noch verbesserungswürdig sein, signalisieren Sie dem Japaner, dass Sie die Sprache üben wollen. Sprechen Sie weiter japanisch und ergänzen Sie, dass es Ihnen schwer fällt, im Gespräch zwischen Englisch und Japanisch zu wechseln. Sollte Ihr Japanisch sehr gut sein, können Sie andeuten, dass Sie keine Schwierigkeiten haben, das Gespräch auf Japanisch zu führen, und auf Komplimente (»Your Japanese is very good.«) auf Japanisch (und mit japanischer Bescheidenheit) reagieren und zum Beispiel »Nein, nein, leider überhaupt nicht ...« antworten. Auch dadurch kann Ihrem Gesprächspartner bewusst werden, dass Sie ein Gespräch auf Japanisch wünschen. Mit Kommentaren darüber, wie erstaunlich gut Sie rohen Fisch vertragen oder wie geschickt Sie mit Stäbchen umgehen können, sollten Sie sich abfinden und sie einfach ignorieren.

Beispiel 17: Der aggressive Projektleiter

Situation

Herr Gaschler ist Präsident der japanischen Niederlassung einer deutschen Firma. Er sitzt zusammen mit dem Projektleiter Herrn Hoshino und dessen Mitarbeitern in einem Meeting, in dem ein EDV-Problem diskutiert wird. Das Gespräch wird auf Japanisch geführt, so dass für Herrn Gaschler eine Dolmetscherin anwesend ist. Der Projektleiter vertritt in der Diskussion seine Position gegenüber Herrn Gaschler sehr hart. Herr Gaschler findet sein Auftreten geradezu aggressiv und ärgert sich darüber. Nach einer Weile beginnt er selbst, vehementer zu diskutieren.

Warum vertritt Herr Hoshino seine Position gegenüber dem Präsidenten so rigoros?

– Lesen Sie nun die Antwortalternativen nacheinander durch.
– Bestimmen Sie den Erklärungswert jeder Antwortalternative für die gegebene Situation und kreuzen Sie ihn auf der darunter befindlichen Skala an. Es ist möglich, dass mehrere Antwortalternativen den gleichen Erklärungswert besitzen.

▨ Deutungen

a) Herr Hoshino empfindet die Diskussion über das EDV-Problem als Kritik an seiner Person.

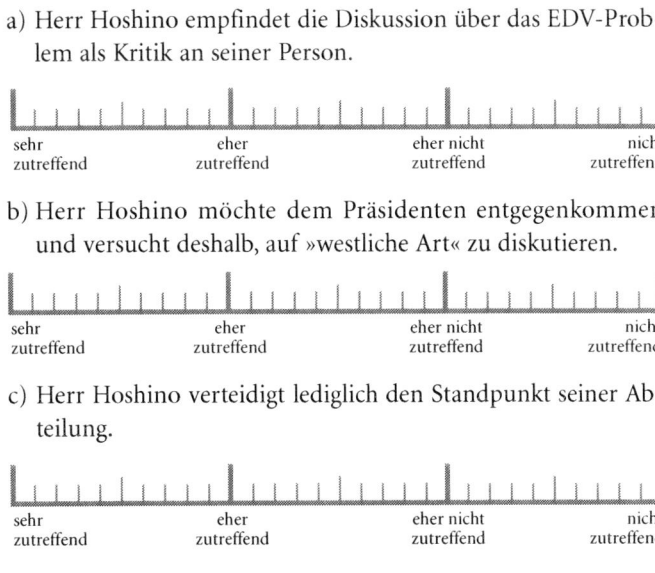

| sehr zutreffend | eher zutreffend | eher nicht zutreffend | nicht zutreffend |

b) Herr Hoshino möchte dem Präsidenten entgegenkommen und versucht deshalb, auf »westliche Art« zu diskutieren.

| sehr zutreffend | eher zutreffend | eher nicht zutreffend | nicht zutreffend |

c) Herr Hoshino verteidigt lediglich den Standpunkt seiner Abteilung.

| sehr zutreffend | eher zutreffend | eher nicht zutreffend | nicht zutreffend |

d) Herr Hoshino möchte seine Diskussionsfähigkeit unter Beweis stellen und will, dass Herr Gaschler ihn ernst nimmt.

| sehr zutreffend | eher zutreffend | eher nicht zutreffend | nicht zutreffend |

– Versuchen Sie, Ihre Einstufung jeder Antwortalternative zu begründen. Halten Sie die Begründung in schriftlicher Form stichpunktartig fest.
– Lesen Sie nun die Erlauterungen zu jeder Antwortalternative durch und vergleichen Sie diese mit Ihren eigenen Begründungen.

▨ Bedeutungen

Erläuterung zu a):

Ein offenes Ansprechen von Problemen kann auf Japaner durchaus wie eine Kritik wirken, da Probleme eher indirekt, zum Beispiel durch Fragen angedeutet werden. Kritik wird schneller als

100

verletzend oder unhöflich empfunden, da sie eher als in Deutschland auf die eigene Person bezogen wird. Trotzdem erklärt diese Antwort nicht, warum Herr Hoshino in der Diskussion so aggressiv reagiert. Selbst wenn er die Äußerungen von Herrn Gaschler als Kritik empfindet, dürfte er seine negativen Gefühle nicht zeigen, weil Selbstbeherrschung in Japan als sehr erstrebenswerte Eigenschaft gilt.

Erläuterung zu b):
So wie es in Deutschland zahlreiche Bücher zum Umgang mit japanischen Geschäftspartnern gibt, so existieren auch in Japan viele Ratgeber zum Verhalten gegenüber westlichen Geschäftspartnern. Der westliche Diskussionsstil wird von Japanern häufig als aggressiv und manchmal auch als ein »Niederkämpfen« des Diskussionsgegners wahrgenommen. Es ist durchaus möglich, dass Herr Hoshino den vermeintlichen Argumentationsstil von Herrn Gaschler imitiert, um ihm die Kommunikation zu erleichtern. Herrn Hoshinos Verhalten wäre damit ausgesprochen höflich und beziehungsorientiert: Er versucht, sich in den Ausländer hineinzuversetzen und dessen Bedürfnisse zu erraten. Neben dieser gibt es noch eine weitere Antwort, die das Verhalten von Herrn Hoshino zumindest ebenso gut erklärt.

Erläuterung zu c):
Möglicherweise verteidigt Herr Hoshino den Standpunkt seiner Abteilung deshalb so vehement, weil er Loyalität gegenüber seiner Gruppe zeigen möchte. Jedoch gilt es in Japan keineswegs als angemessen, aggressiv mit einem Ranghöheren wie dem Präsidenten zu diskutieren. Diese Antwort trifft also eher nicht zu.

Erläuterung zu d):
Im Zuge der Internationalisierung der japanischen Wirtschaft sind viele Bücher darüber veröffentlicht worden, wie man sich dem westlichen Verhandlungsstil durch direktes und durchsetzungsstarkes Verhalten anpassen kann. Viele Japaner haben die Erfahrung gemacht, dass sie von ihren westlichen Vorgesetzten nicht ernst genommen werden, wenn sie ihre indirekte, konsensorientierte und höfliche Art der Kommunikation beibehalten. Herr Hoshino versucht deshalb, sich dem direkten westlichen

Gesprächsstil anzupassen, damit Herr Gaschler seine Meinung auch wahrnimmt. In der geschilderten Situation schießt Herr Hoshino offensichtlich etwas über das Ziel hinaus, da Herr Gaschler ihn als unangemessen aggressiv erlebt. Diese Antwort ist ebenso zutreffend wie Antwort b).

▨ Lösungsstrategie

Die geschilderte Situation macht deutlich, dass Ihnen in Japan ein breites Spektrum an Verhaltensweisen begegnen kann, auf die Sie flexibel reagieren sollten. Wenn Ihr japanischer Gesprächspartner versucht, sich westlichen Verhaltensstandards anzupassen, können Sie selbst direkter und offener sprechen, so wie Sie es in Deutschland tun würden. Kommt es zu einer Überanpassung an das westliche Verhalten wie im Beispiel, sollten Sie es zwar zur Kenntnis nehmen, aber ruhig und sachlich bleiben und den Gesprächspartner ernst nehmen. Wiederholt sich das aggressive Diskussionsverhalten und stört es die Kommunikation erheblich, so könnten Sie über eine dritte Person, zum Beispiel einen Vermittler oder die Dolmetscherin, signalisieren, dass dieses Verhalten nicht nötig ist.

▨ Kulturelle Verankerung von »Abgrenzung gegenüber Außenstehenden«

In den geschilderten Situationen steht die Kommunikation mit Personen im Vordergrund, die außerhalb der eigenen Gruppe stehen, wobei der Fokus besonders auf das Verhalten gegenüber Ausländern gelegt wurde. In der japanischen Gesellschaft gibt es eine klare Trennung zwischen »uchi« (innerhalb, zur eigenen Gruppe gehörend) und »soto« (außerhalb, zu anderen Gruppen gehörend). »Uchi« und »soto« sind keine einmalig festgelegten Kategorien, sondern kontext- und situationsabhängig. Ein Kollege aus einer anderen Abteilung wird als »soto« (draußen) betrachtet, wenn es um die Kommunikation zwischen der eigenen und der anderen Abteilung geht, aber als »uchi« (drinnen), wenn die Kommunikation zwischen der eigenen und einer fremden Firma stattfindet. Kunden, die eigentlich außerhalb der eigenen Firma oder Gruppe stehen, werden dennoch als »uchi« betrachtet, da man zu ihnen eine Beziehung pflegt und sie zur Gruppe der eigenen Kunden gehören.

In einer Begegnung schätzen zunächst alle Personen ein, ob sie sich in der Situation innerhalb oder außerhalb einer Gruppe befinden, da ein angemessenes Verhalten hiervon abhängt. Gegenüber Personen aus der eigenen Gruppe ist man beispielsweise loyal, rücksichtsvoll, höflich und solidarisch (vgl. Kulturstandard »Gruppenzugehörigkeit«).

»Uchi« und »soto« bilden zwei Seiten einer Medaille. Die starke Identifizierung mit der Eigengruppe und die hohe Loyalität ihr gegenüber sind gleichzeitig verbunden mit einer starken Isolation und Unabhängigkeit von anderen Gruppen sowie Rivalitätsgefühlen diesen gegenüber. Steht der Kommunikationspartner außerhalb der eigenen Gruppe, so muss man sich ihm gegenüber nicht höflich verhalten, keine wahren Absichten oder Gefühle (»honne«) zeigen und kein Mitgefühl haben. Japaner verhalten sich in solchen Situationen mehr oder weniger indifferent und formell und entwickeln keine Schuldgefühle, wenn sie gegen Regeln der Etikette verstoßen haben (da diese vornehmlich der Eigengruppe gelten). Im öffentlichen Raum äußert sich die Einstellung gegenüber Fremden zum Beispiel darin, dass Fahrradfahrer den Bürgersteig entlangfahren, ohne sich um die Fußgänger zu scheren, und dass in der U-Bahn bisweilen ungeniert pornographische »mangas« gelesen werden und die Umwelt (als »soto«-Element) ohne ein schlechtes Gewissen verschmutzt wird.

Die klare Abgrenzung gegenüber Außenstehenden hat deutliche Konsequenzen für die Außenseiter der japanischen Gesellschaft. Zu unterscheiden sind Subkulturen, die ihre Sonderstellung selbst gewählt haben, und Minderheiten, die unfreiwillig am Rande der Gesellschaft stehen. Die Subkulturen – zum Beispiel Sumo-Ringer und Geishas – genießen sogar hohes Ansehen, da sie den »japanischen Geist« besonders stark verkörpern und Tugenden pflegen, die in der modernen japanischen Gesellschaft kaum noch existieren. Minderheiten hingegen werden schnell diskriminiert, da sie nicht Teil der Gruppe der Japaner sind, der man nur von Geburt an angehören kann. Zu den ethnischen Minderheiten in Japan gehören die Koreaner, die als Zwangsarbeiter in das Land kamen, die Einwohner Okinawas und die Ainu auf Hokkaido. Eine weitere Minderheit bilden die Burakumin. Sie galten in der Feudalzeit als »Unberührbare«, da sie die so genannten 3-K-Arbeiten (von »kitsui« – hart, »kitanai« – schmutzig und »kiken« – gefährlich) verrichteten. Sie werden auch heute noch sozial ausgegrenzt und man sagt ihnen sogar rassische Besonderheiten nach. Die asiatischen Einwanderer, die heute viele 3-K-Jobs verrichten, sind ebenfalls offener Diskriminierung ausgesetzt.

Eine besondere Minderheit in Japan sind Ausländer (»gaijin«). Während westliche Ausländer eher einen hohen Status genießen, wird auf asiatische Ausländer häufig herabgesehen. Japaner empfinden den Unterschied zwischen Ausländern und sich selbst als sehr groß. Sie gehen davon aus, dass sich Ausländer in der Regel anders verhalten als sie selbst und dass sie die japanischen Verhaltensregeln nicht kennen, weil sie nicht in Japan aufgewachsen sind. Einige Japaner vermeiden den Kontakt mit Ausländern, da sie nicht wissen, was sie in der Kommunikation mit ihnen erwartet. Eine Folge der Wahrnehmung, dass Ausländer sich anders als Japaner verhalten, ist, dass keine großen Anpassungserwartungen an die »gaijin« (»Ausländerbonus«) gestellt werden.

Die klare Trennung zwischen Japanern und den »Anderen« hat zwei kulturhistorische Hintergründe. Die einheimische Religion – der Schintoismus – lehrt, dass alle Japaner von den Göttern abstammen. Dies zieht eine unüberbrückbare Grenze zwischen den Japanern als Nachkommen der Götter und allen Anderen. Ausländer können deshalb auch niemals wirklich in den Kreis der Japaner aufsteigen, selbst wenn sie Japanisch perfekt beherrschen. Der zweite Grund für die klare Trennung liegt in der selbst gewählten Isolation (»sakoku«) in der Zeit von circa 1600 bis 1850. Diese Epoche prägt die japanische Einstellung zur Außenwelt bis heute. In jener Zeit war der Bevölkerung bei Höchststrafe untersagt, das Land zu verlassen oder Kontakt zu Fremden (Nicht-Japanern) aufzunehmen. Ursache dafür war das Bedürfnis, die eigene Kultur vor dem Einfluss des Christentums und aggressiven Missionierungsbemühungen zu schützen. Die Isolation führte zwar zu innerer Ordnung und Sicherheit, aber auch zu der Einstellung, dass Japan nicht angewiesen sei auf andere Länder. Seit der Zeit der Abschließung fand Fremdes nur in weitgehend japanisierter Form Eingang in die japanische Kultur. Nichtsdestotrotz orientierte sich Japan seit der Meiji-Zeit – von 1868 bis 1912 – sehr stark am Westen und seinen wirtschaftlichen und kulturellen Errungenschaften.

Im Zuge der Internationalisierung der Wirtschaft in den 90er Jahren hat sich Japan verstärkt auch für Ausländer geöffnet. Dies geschah anfangs zwar mit großem Unbehagen, allerdings haben sich heute – zumindest in den großen Städten – viele Japaner an die Präsenz ausländischer Kollegen gewöhnt. Viele Ausländer beklagen trotzdem noch, dass es sehr schwierig sei, einen Zugang zu den informellen Netzen der Japaner zu finden. Dieser Zugang kann erleichtert werden, wenn der Ausländer von einem möglichst hochrangigen Mitglied des Netzwerkes vorgestellt wird.

■ Themenbereich 7: Hierarchieorientierung

■ Beispiel 18: Der Senior Manager

■ Situation

Herr Seidel arbeitet seit drei Monaten in Japan und verhandelt mit dem Joint-Venture-Partner seiner Firma. Bei einem ersten, etwa sechsstündigen Treffen will Herr Seidel die Verträge neu besprechen und den Einfluss seiner Firma im Joint Venture vergrößern. Die Vertreter der japanischen Firma gehen jedoch auf seine Vorschläge nicht ein und der japanische Senior Manager argumentiert zunehmend lauter und heftiger. Da die Beteiligten keine Einigung erzielen, vereinbaren sie zusätzliche informelle Treffen. Bei einem dieser Treffen wird viel Alkohol getrunken und der Senior Manager fragt plötzlich laut, warum er sich in der Verhandlung mit einem so jungen und unerfahrenen Spund abgeben müsse. Er meint damit offensichtlich Herrn Seidel. Dieser ist schockiert und fragt sich, wie er sich nun verhalten soll. Um die Zusammenarbeit nicht zu gefährden, signalisiert er dem Senior Manager später am Abend Verständnis dafür, dass es ihm schwer falle, mit jüngeren Ausländern zu verhandeln. Ein jüngerer Mitarbeiter der japanischen Firma meint daraufhin, dass es doch überhaupt kein Problem sei, mit ihm – Herrn Seidel – zusammenzuarbeiten. Doch der Senior Manager betont: »Natürlich ist das ein Problem!« und beharrt auf seinem Standpunkt.

Warum lässt sich der Senior Manager nicht umstimmen?

– Lesen Sie nun die Antwortalternativen nacheinander durch.
– Bestimmen Sie den Erklärungswert jeder Antwortalternative für die gegebene Situation und kreuzen Sie ihn auf der darun-

ter befindlichen Skala an. Es ist möglich, dass mehrere Antwortalternativen den gleichen Erklärungswert besitzen.

▨ Deutungen

a) Der Senior Manager kann sich einfach nicht vorstellen, dass Herr Seidel in seinem Alter genügend Erfahrung für die Verhandlungen mitbringt.

sehr zutreffend	eher zutreffend	eher nicht zutreffend	nicht zutreffend

b) Für den Senior Manager ist es ein Zeichen mangelnder Wertschätzung der Geschäftsbeziehung, dass man von deutscher Seite aus keinen ihm ebenbürtigen Partner für die Verhandlungen benannt hat.

sehr zutreffend	eher zutreffend	eher nicht zutreffend	nicht zutreffend

c) Der Senior Manager ist betrunken und beharrt deshalb auf seinem Standpunkt. Herr Seidel muss sich aber nicht sorgen. Am nächsten Tag ist vergessen, was man beim gemeinsamen Trinken offen gesagt hat.

sehr zutreffend	eher zutreffend	eher nicht zutreffend	nicht zutreffend

d) Der Senior Manager hat das Gefühl, dass Herr Seidel seine Firma über den Tisch ziehen will. Deshalb versucht er, ihn als Verhandlungspartner loszuwerden.

sehr zutreffend	eher zutreffend	eher nicht zutreffend	nicht zutreffend

– Versuchen Sie, Ihre Einstufung jeder Antwortalternative zu begründen. Halten Sie die Begründung in schriftlicher Form stichpunktartig fest.

– Lesen Sie nun die Erläuterungen zu jeder Antwortalternative durch und vergleichen Sie diese mit Ihren eigenen Begründungen.

▉ Bedeutungen

Erläuterung zu a):

Viele Japaner sind der Ansicht, dass man mit zunehmendem Alter weiser und erfahrener wird und Alter deshalb ein guter Indikator für die Kompetenz einer Person ist. In der Firma wird meist derjenige befördert, der am langsten für das Unternehmen gearbeitet hat, und nicht notwendigerweise der, der die besten Leistungen oder Führungsqualitäten gezeigt hat. Aufgrund lebenslanger Anstellungen, die vor allem in Großunternehmen verbreitet sind, haben die Mitarbeiter mit der längsten Betriebszugehörigkeit meist auch das höchste Lebensalter. Für Verhandlungen oder andere anspruchsvolle Aufgaben werden ältere, also erfahrene, Personen bestimmt. Deshalb kann der Senior Manager nicht verstehen, warum man ihm einen so jungen Verhandlungspartner geschickt hat. Die starke Wertschätzung von Alter und einer langen Betriebszugehörigkeit wird Senioritätsorientierung genannt. Es gibt aber durchaus schon Japaner wie den jüngeren Mitarbeiter im Beispiel, die mehr Wert auf tatsächlich gezeigte Kompetenz als auf das Alter (und damit *wahrscheinlich* vorhandene Kompetenz) legen.

Erläuterung zu b):

Diese Aussage ist genauso zutreffend wie Antwort a) und ergänzt sich mit ihr. Der Senior Manager hängt der traditionellen Sichtweise an, nach der jüngere Menschen noch keine Autorität besitzen. Er kann es dadurch leicht als mangelnde Wertschätzung oder auch als mangelndes Interesse der Deutschen interpretieren, wenn sie einen nach seinem Ermessen zu jungen und unerfahrenen Verhandlungspartner ohne ausreichenden Status mit ihm verhandeln lassen.

Erläuterung zu c):

Über peinliche Situationen oder ausgeplauderte Intimitäten im Rahmen von informellen Treffen wird am nächsten Tag der Mantel des Schweigens gebreitet, um die Beteiligten nicht in Verlegenheit zu bringen. Aber die Kritik einer ranghöheren Person sollte Herr Seidel ernst nehmen. Der Senior Manager beharrt aus Überzeugung auf seiner Position, nicht aus Trunkenheit. Andere Antworten erklären die Situation besser.

Erläuterung zu d):

Diese Antwort trifft nicht den Kern der Situation. Natürlich ist es möglich, dass der Senior Manager die Absichten von Herrn Seidels Firma, ihren Einfluss im Joint Venture zu vergrößern, erkannt hat. Aber er kritisiert Herrn Seidel nicht mit fadenscheinigen Argumenten, um die Verhandlungen ins Stocken zu bringen, sondern er findet ihn als Verhandlungspartner tatsächlich ungeeignet.

▨ Lösungsstrategie

Generell sollte das deutsche Unternehmen einen Mitarbeiter in die Verhandlung entsenden, der dem japanischen Partner in Alter und Status ungefähr entspricht – vor allem, wenn bekannt ist, dass die japanische Seite Wert darauf legt. Wenn dies nicht möglich ist und die deutsche Firma stattdessen einen jungen, kompetenten Mitarbeiter schickt, sollte sie gegenüber dem japanischen Partner dessen Fähigkeiten hervorheben. Der deutsche Firmenchef kann beispielsweise einen Brief schreiben, in dem er betont, dass er sich auf die Fortführung der erfolgreichen Zusammenarbeit sehr freue und dass der junge, sehr tüchtige Herr Seidel für die Vorbereitung der neuen Geschäfte eine geeignete Person sei. Herr Seidel kann dann mit der Zeit den Senior Manager von seinen Fähigkeiten auch selbst überzeugen.

▨ Beispiel 19: Die neue Logistikleiterin

▨ Situation

Die Firma von Frau Baldauf hat in ihrer japanischen Niederlassung ein neues Logistiksystem eingeführt. Die meisten Mitarbeiter können jedoch noch nicht erfolgreich mit dem neuen System arbeiten. Deswegen wird die erfahrene Frau Baldauf (43 Jahre) von Herrn Kawai nach Japan geholt und für ein Jahr seinem Mitarbeiter – dem Abteilungsleiter Herrn Yoshida – zur Seite gestellt, damit er von ihr lernen kann. Sie soll die Logistikabteilung für ein Jahr führen und danach soll Herr Yoshida die Leitung wieder übernehmen. Mit ihrem Vorgesetzten Herrn Kawai, der lange im Ausland gelebt hat, kann Frau Baldauf sehr gut zusammenarbeiten. Aber der 54-jährige Herr Yoshida verhält sich sehr seltsam. Er grüßt sie nicht und ignoriert sie, obwohl sein Tisch im Großraumbüro direkt neben ihrem steht. Auf Anweisungen reagiert er gar nicht oder äußert höchstens, dass er sehr beschäftigt sei. Frau Baldauf findet, dass Herr Yoshida die Chance ergreifen und sich mit ihrer Hilfe verbessern sollte, damit er seinen Arbeitsplatz behalten kann. Es ärgert sie, dass er sich gegen eine Zusammenarbeit sperrt.

Warum ignoriert Herr Yoshida Frau Baldauf?

– Lesen Sie nun die Antwortalternativen nacheinander durch.
– Bestimmen Sie den Erklärungswert jeder Antwortalternative für die gegebene Situation und kreuzen Sie ihn auf der darunter befindlichen Skala an. Es ist möglich, dass mehrere Antwortalternativen den gleichen Erklärungswert besitzen.

■ Deutungen

a) Herr Yoshida möchte nicht mit Ausländern zusammenarbeiten und schon gar nicht mit einer Ausländerin.

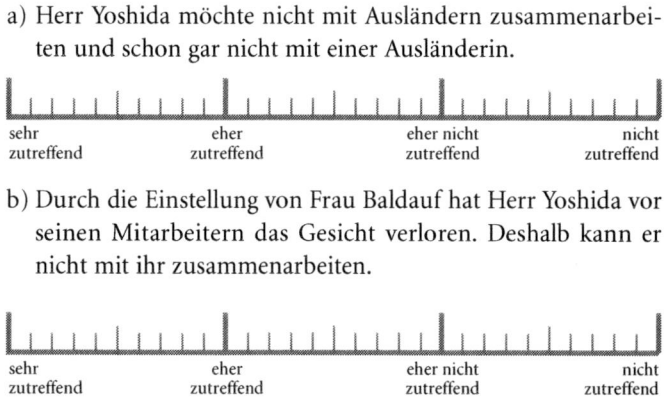

| sehr zutreffend | eher zutreffend | eher nicht zutreffend | nicht zutreffend |

b) Durch die Einstellung von Frau Baldauf hat Herr Yoshida vor seinen Mitarbeitern das Gesicht verloren. Deshalb kann er nicht mit ihr zusammenarbeiten.

| sehr zutreffend | eher zutreffend | eher nicht zutreffend | nicht zutreffend |

c) Herr Yoshida findet, dass Frau Baldauf einen zu geringen Status hat, um für diese Position legitimiert zu sein.

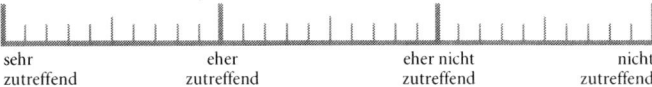

| sehr | eher | eher nicht | nicht |
| zutreffend | zutreffend | zutreffend | zutreffend |

d) Frauen in Führungspositionen sind in Japan sehr ungewöhnlich.

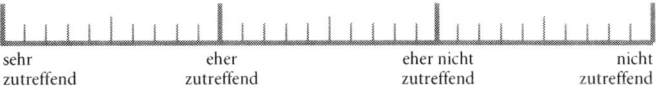

| sehr | eher | eher nicht | nicht |
| zutreffend | zutreffend | zutreffend | zutreffend |

– Versuchen Sie, Ihre Einstufung jeder Antwortalternative zu begründen. Halten Sie die Begründung in schriftlicher Form stichpunktartig fest.
– Lesen Sie nun die Erläuterungen zu jeder Antwortalternative durch und vergleichen Sie diese mit Ihren eigenen Begründungen.

Bedeutungen

Erläuterung zu a):

Japaner, die sich traditionellen Werten verpflichtet fühlen und keine Auslandserfahrung haben, scheuen sich tatsächlich teilweise davor, mit Ausländern zusammenzuarbeiten, da sie nicht wissen, wie sie sich ihnen gegenüber verhalten sollen. Sie haben Angst, Fehler zu machen und in peinliche Situationen zu geraten. Außerdem gelten westliche Geschäftsfrauen im Vergleich zu japanischen Frauen als extrovertierter und aggressiver und wirken auf einige Japaner deshalb einschüchternd. Da Herrn Yoshidas Verhalten jedoch eher von Ärger als von Angst zeugt, gibt es andere Antworten, die die Situation besser erklären.

Erläuterung zu b):

Es ist sehr wahrscheinlich, dass Herr Yoshida einen Gesichtsverlust erlitten hat, als Frau Baldauf die vorläufige Leitung der Abteilung übertragen wurde. Ein solches Vorgehen hätte sicherlich auch in einem deutschen Unternehmen für Unmut gesorgt und zur Boykottierung der neuen Vorgesetzten führen können. Allerdings ist in Japan das Wahren des Gesichts noch viel wichtiger als in Deutschland, so dass ein Gesichtsverlust die Beziehung zum Kommunikationspartner geradezu zerstören kann. Diese Antwort erklärt einen sehr wichtigen Aspekt der Situation.

Erläuterung zu c):
In traditionellen japanischen Firmen erlangt man durch die Dauer der Betriebszugehörigkeit eine höhere Position in der Hierarchie (Senioritätsprinzip). Frau Baldauf ist also nicht legitimiert für ihre Position, weil sie neu in der japanischen Niederlassung ist. Außerdem ist sie elf Jahre jünger als Herr Yoshida und gilt deshalb als unerfahrener, da in Japan Alter mit Weisheit und Erfahrung assoziiert wird. Nicht zuletzt wird der Status von Frau Baldauf auch von ihrem Geschlecht beeinflusst. Frauen haben in Japan einen geringeren Status als Männer, was im Berufsleben dazu führt, dass meist nur Männer für höhere Managementpositionen berücksichtigt werden. Es ist durchaus möglich, dass Herr Yoshida Frau Baldauf auch deshalb nicht respektiert. Diese Antwort erklärt die Situation am besten.

Erläuterung zu d):
Frauen in höheren Managementpositionen sind in Japan immer noch ungewöhnlich, auch wenn ihr Anteil seit einigen Jahren langsam steigt. Frauen werden in der Regel als Bürohilfe eingestellt und entlassen, wenn sie heiraten oder schwanger werden, weil man davon ausgeht, dass sie sich dann um die Familie kümmern wollen. Da es in Japan nur wenige Karrierefrauen gibt, sind es viele japanische Männer tatsächlich nicht gewöhnt, mit Frauen gleichberechtigt zusammenzuarbeiten. Meist legen sie aber ihre anfängliche Befangenheit ab, wenn sie die Frauen als sehr kompetent erleben. Herr Yoshida scheint sich aber nicht vornehmlich gegen die Zusammenarbeit mit Frau Baldauf zu sperren, weil er eine Frau als Chefin nicht gewöhnt ist, sondern eher, weil er ihren Status als geringer empfindet. Sonst hätte sich sein Verhalten mit der Zeit und der einsetzenden Gewöhnung gegeben.

▧ Lösungsstrategie

Frau Baldauf kann durch ihre Arbeit möglicherweise auf lange Sicht Akzeptanz erlangen; kurzfristig ist das aber nur sehr schwer möglich. Deshalb sollte sie mit ihrem Vorgesetzten über das Verhalten von Herrn Yoshida sprechen. Der Vorgesetzte kann dann als Mittler fungieren und den Konflikt zwischen den beiden klären. Sollte es nicht gelingen, die Lernbereitschaft von Herrn Yoshida zu gewinnen, müsste er in eine andere Abteilung versetzt werden. Grundsätzlich sollte bereits bei der Einführung von Entsandten, insbesondere bei weiblichen Führungskräften, deren Position deutlich gemacht werden, da Japaner häufig immer noch davon ausgehen, dass Frauen im Berufsleben nur untergeordnete Rollen als Bürohilfen spielen. Eine Situation wie die geschilderte könnte vermieden werden, indem man Herrn Yoshida zum Beispiel versetzt oder stärker die Besonderheit der Situation kommuniziert, bevor Frau Baldauf die Leitung übernimmt.

▧ Beispiel 20: Kundenwünsche

▧ Situation

Herr Falk leitet ein Team japanischer Techniker und Kundenbetreuer, das ein Produkt für verschiedene Großunternehmen entwickelt. Er beklagt, dass die Kundenbetreuer gegenüber den Firmen oft Zusagen machen, die die Entwickler gar nicht einhalten können. Besonders Herr Suzuki sei zu kundenorientiert und vertrete die Interessen des eigenen Konzerns nicht ausreichend. Äußert sein Kunde einen Wunsch, so fordert Herr Suzuki von den Entwicklern, dass sie ihn erfüllen. Wenn die Techniker aber einwenden, dass dies zu teuer oder technisch unmöglich sei, akzeptiert Herr Suzuki die Einwände nicht und leitet sie auch nicht an den Kunden weiter. Stattdessen erklärt er ihm, dass die Abteilung an der Umsetzung arbeite. Letztlich lassen sich die Versprechungen jedoch nicht einhalten und der Kunde wird in seinen Erwartungen enttäuscht.

Warum hält Herr Suzuki dennoch daran fest, jeden Kunden-
wunsch erfüllen zu wollen?

– Lesen Sie nun die Antwortalternativen nacheinander durch.
– Bestimmen Sie den Erklärungswert jeder Antwortalternative
  für die gegebene Situation und kreuzen Sie ihn auf der darunter befindlichen Skala an. Es ist möglich, dass mehrere Antwortalternativen den gleichen Erklärungswert besitzen.

■ Deutungen

a) Kunden sind in Japan nicht nur Könige, sondern Götter. Ein
   Kundenbetreuer sollte versuchen, sie um jeden Preis zufrieden
   zu stellen.

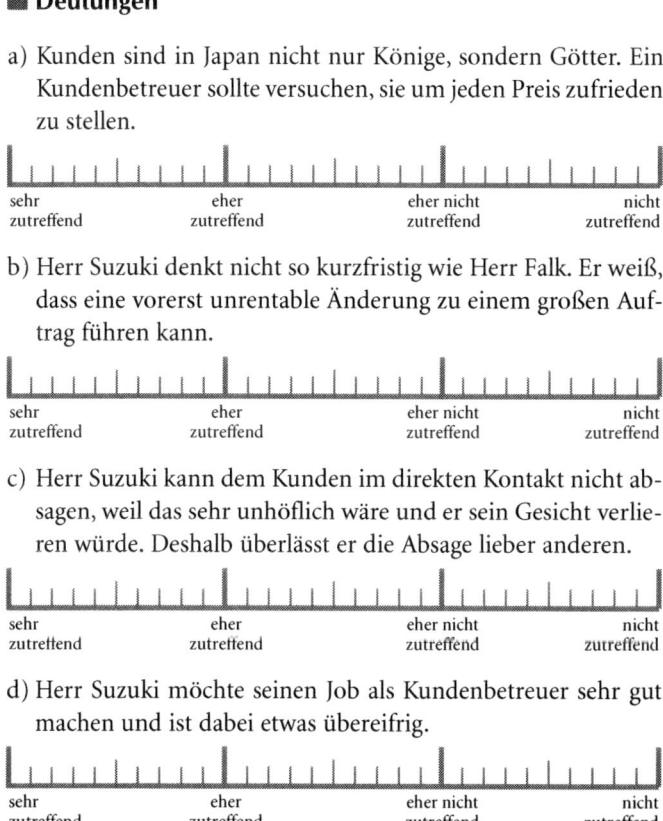

| sehr | eher | eher nicht | nicht |
| zutreffend | zutreffend | zutreffend | zutreffend |

b) Herr Suzuki denkt nicht so kurzfristig wie Herr Falk. Er weiß,
   dass eine vorerst unrentable Änderung zu einem großen Auftrag führen kann.

| sehr | eher | eher nicht | nicht |
| zutreffend | zutreffend | zutreffend | zutreffend |

c) Herr Suzuki kann dem Kunden im direkten Kontakt nicht absagen, weil das sehr unhöflich wäre und er sein Gesicht verlieren würde. Deshalb überlässt er die Absage lieber anderen.

| sehr | eher | eher nicht | nicht |
| zutreffend | zutreffend | zutreffend | zutreffend |

d) Herr Suzuki möchte seinen Job als Kundenbetreuer sehr gut
   machen und ist dabei etwas übereifrig.

| sehr | eher | eher nicht | nicht |
| zutreffend | zutreffend | zutreffend | zutreffend |

– Versuchen Sie, Ihre Einstufung jeder Antwortalternative zu
  begründen. Halten Sie die Begründung in schriftlicher Form
  stichpunktartig fest.

– Lesen Sie nun die Erläuterungen zu jeder Antwortalternative durch und vergleichen Sie diese mit Ihren eigenen Begründungen.

▨ Bedeutungen

Erläuterung zu a):

Kundenorientierung ist in Japan ungleich wichtiger als in Deutschland. Der Kunde hat einen höheren Status als der Kundenbetreuer und wird entsprechend behandelt. Gegenüber dem Kunden wird eine sehr höfliche Sprache mit vielen Ehrenbezeichnungen verwendet. Der Kundenbetreuer nimmt jede Gelegenheit wahr, um dem Kunden seine dankbare Ergebenheit zu signalisieren. Er ist darauf bedacht, die hohen Qualitätsansprüche des Kunden zu erfüllen, und entschuldigt sich aufrichtig für kleinste Mängel. Man beschenkt den Kunden zu passenden Gelegenheiten und selbst Kleinigkeiten wie das Auflegen des Telefonhörers, bevor der Kunde selbst aufgelegt hat, gelten als unhöflich. Vor diesem Hintergrund ist das Verhalten von Herrn Suzuki durchaus verständlich. Er will dem Kunden den maximalen Service bieten und ist sich seiner untergeordneten Position ihm gegenüber bewusst.

Erläuterung zu b):

In Japan sind Geschäftsbeziehungen auf Langfristigkeit angelegt. Um solche Beziehungen zu pflegen, muss man gelegentlich Zugeständnisse machen und auch einmal ein unrentables Geschäft abschließen, weil auf lange Sicht die eigenen Gewinne durch zukünftige Geschäfte wieder steigen werden. Eine unrentable Änderung am Produkt kann also durchaus rentabel sein, wenn sich dadurch ein größerer Auftrag sichern lässt. Um die Beziehung zu pflegen, ist es wichtig, dass der Kunde sich gut aufgehoben fühlt und seine Wünsche ernst genommen weiß. Es müssen nicht alle Wünsche unbedingt erfüllt werden, aber das Unternehmen sollte sich zumindest ausdauernd und engagiert darum bemühen. Diese Antwort erklärt einen wichtigen Aspekt der Situation.

Erläuterung zu c):
Eine unvermittelte, direkte Absage wäre tatsächlich unhöflich, aber es gibt Strategien, wie man vorsichtig absagen kann. Schließlich muss auch in der Beispielsituation dem Kunden irgendwie mitgeteilt werden, dass man das Produkt nicht seinen Wünschen entsprechend gestalten kann. Herr Suzuki könnte etwa Probleme bei der Umsetzung der Wünsche (nonverbal) andeuten und davon sprechen, dass die Umsetzung »schwierig« sei, ohne sein Gesicht zu verlieren.

Erläuterung zu d):
Da Herr Suzuki die Argumente der Entwickler nie an den Kunden weiterleitet, wirkt sein Verhalten in der Tat extrem kundenorientiert und etwas übereifrig. Die Antworten a) und b) zeigen jedoch, dass Herr Suzuki auch gute Gründe für seine starke Kundenorientierung hat.

▪ Lösungsstrategie

Herr Falk sollte erst einmal gründlich überdenken, bis zu welchem Ausmaß er unrentabel erscheinende Produktänderungen im Interesse einer langfristigen Kundenbeziehung für gerechtfertigt hält. Er sollte sich dazu Rat bei japanischen Kollegen holen. Herr Falk sollte außerdem prüfen, ob die Entwicklungsabteilung tatsächlich nicht in der Lage ist, bestimmte Kundenwünsche umzusetzen, oder ob es Motivationsprobleme oder Abstimmungsprobleme zwischen Herrn Suzuki und den Entwicklern gibt. Herr Falk kann mit Herrn Suzuki regelmäßig Vereinbarungen treffen, wie die aktuellen Wünsche des Kunden zu behandeln sind. Wenn Herr Suzuki es nicht selbst fertig bringt, dem Kunden eine negative Antwort zu geben, muss jemand anders die Absage übernehmen, damit er sein Gesicht wahren kann.

▓ Kulturelle Verankerung von »Hierarchieorientierung«

Japan ist ein hierarchieorientiertes Land, in dem jeder seinen festen Platz in der Gesellschaft hat. Beziehungen (vgl. Kulturstandard »Beziehungsorientierung«) sind sehr häufig vertikal strukturiert. In japanischen Firmen sind die Hierarchien nicht so flach wie in deutschen Unternehmen. Meist gibt es eine Rangordnung der Abteilungen einer Firma, und innerhalb einer Abteilung unterscheidet man wiederum Dienstältere (»senpai«) und Dienstjüngere (»kohai«).

Vertikale Beziehungsmuster durchdringen auch das Alltagsleben: Der Kunde steht über dem Verkäufer, die Großeltern stehen über den Eltern, der Mann steht über der Frau. Bereits Kinder erlernen in Japan Loyalität und das Eingeordnetsein in eine Hierarchie, denn Rangunterschiede erscheinen den meisten Japanern als naturgegeben. In der Vorschule haben die Älteren die Verantwortung für die Kleinen, und die Kinder erfahren wiederholt Übergangsriten, bei denen die Älteren geehrt werden. Die Erziehung der Kinder ist außerdem sehr stark geschlechtsrollenspezifisch: Während Jungen sich schlagen dürfen wie die Samurai, sind Mädchen die Vermittler.

Eine Missachtung des Ranges einer Person führt zu deren Gesichtsverlust und stört die Harmonie, weshalb es viele Verhaltensregeln gibt, um dies zu vermeiden. Einem Ranghöheren wird durch höfliche, formale Sprache, tiefe Verbeugungen und Zurückhalten von Kritik Respekt gezollt. Ein herablassendes Sprachverhalten gegenüber einem Rangniederen gilt hingegen als angemessen und keineswegs als unhöflich. Um bei Erstbegegnungen korrekt aufeinander reagieren zu können, werden Visitenkarten ausgetauscht, die über den Status des anderen Aufschluss geben.

Das Senioritätsprinzip – die Beförderung und Entlohnung nach dem Dienstalter, der Dauer der Firmenzugehörigkeit und dem Lebensalter – spielt in japanischen Firmen auch heute noch eine große Rolle. Angestellte reagieren beunruhigt, wenn man jemanden an ihnen »vorbeibefördert«, und die Macht und Autorität einer Führungskraft wird durch ihre Seniorität legitimiert. Das Senioritätsprinzip hat eine hohe Loyalität gegenüber der Firma zur Folge, da ein Wechsel zu einem anderen Unternehmen mit Karrierenachteilen verbunden ist. Außerdem hängen die Angestellten an ihren dauerhaften zwischenmenschlichen Beziehungen in der Firma. Verdiente ältere Mitarbeiter werden nicht als Kostenfaktor betrachtet, auch wenn sie langsamer arbeiten.

Das Senioritätsprinzip gilt vor allem für die männliche Stammbelegschaft in großen, traditionsreichen Unternehmen. Ab der mittleren Führungsebene zeigen sich aber auch in diesen Firmen Abweichungen vom Senioritätsprinzip: Man beginnt die individuelle Führungskompetenz der Kandidaten zu berücksichtigen und befördert die Fähigen schneller. Ein Problem des Senioritätsprinzips ist, dass Einsteiger mit neuesten wissenschaftlichen Erkenntnissen erst sehr spät eine verantwortungsvolle Position erhalten und dadurch weniger Innovationen möglich sind. Seit dem Einbruch der Wirtschaft in den 90er Jahren fordern Wirtschaftswissenschaftler deshalb ein generelles Umschwenken auf das Leistungsprinzip. Jedoch wandelt sich die Einstellung dazu in der Privatwirtschaft nur langsam.

Die Kundenbeziehung, vor allem die zum Großkunden, ist in Japan ebenfalls eine klassische hierarchische Beziehung. Der Kunde ist nicht Partner wie in Deutschland, sondern »Gott«. Ein gut ausgebildeter Verkäufer behandelt den Kunden sehr höflich und reagiert schnell, gewissenhaft und entgegenkommend auf dessen Wünsche. Auch die geringste Unzufriedenheit soll vermieden werden. Der Kunde erwartet diesen umfassenden Service, und es kann sogar geschehen, dass er den Verkäufer anschreit, wenn seine Erwartungen nicht erfüllt werden. Die Verkäufer pflegen die auf Lebenszeit angelegten Kundenbeziehungen sehr ausdauernd und zeigen dabei in den Augen von Deutschen einen teilweise unverhältnismäßig hohen Einsatz. Die Neukundengewinnung ist in Japan besonders schwierig, da der Kunde meist bereits in ein Netz von Lieferbeziehungen eingebunden ist und deshalb viel stärker umworben werden muss als in Deutschland. Die extreme Kundenorientierung hat erheblich zum wirtschaftlichen Aufstieg Japans im letzten Jahrhundert beigetragen und wird sich deshalb voraussichtlich nur geringfügig abschwächen.

In Japan findet man eine stärkere Differenzierung der Geschlechterrollen als in Deutschland. Offiziell sind Frauen und

Männer gleichgestellt, aber im wirtschaftlichen und gesellschafts-
politischen Leben ist Japan trotzdem eine Männergesellschaft.
Bei beiden Geschlechtern ist die Überzeugung weit verbreitet,
dass Frauen ihre Erfüllung nicht im Beruf, sondern in der Für-
sorge für ihre Familie finden. Viele Frauen arbeiten deshalb nach
ihrem Universitätsabschluss nur zwei bis drei Jahre und werden
dann zu respektierten und anerkannten Hausfrauen.

Im privaten Bereich ist die Macht der Frau sehr groß: Sie ver-
waltet das Einkommen des Mannes, zahlt ihm ein Taschengeld
und organisiert die Ausbildung der Kinder. Da die Berufstätigkeit
für viele junge Frauen noch immer nur eine Übergangsphase zur
Ehe ist, sind höhere berufliche Positionen für Frauen in der Regel
nicht vorgesehen. So arbeiten viele Universitätsabsolventinnen
nur als »Officegirl«, kopieren und servieren Tee. Bescheidene
Aufstiegsmöglichkeiten bieten sich Frauen oft erst, wenn sie nach
der Familienpause in die Firma zurückkehren. Nur sehr wenige
Frauen arbeiten in höheren Führungsetagen oder als Unterneh-
merin, obwohl insgesamt 62 Prozent der arbeitsfähigen Frauen
berufstätig sind (wenngleich häufig in Teilzeit). Da die Privatwirtschaft Frauen keine reizvollen Positionen und Gehälter bietet, können sich karriereorientierte Japanerinnen am ehesten in
der öffentlichen Verwaltung oder bei ausländischen Firmen verwirklichen.

Da die meisten japanischen Männer den Umgang mit westlichen Geschäftsfrauen nicht gewöhnt sind, reagieren sie anfäng-
lich oft verlegen auf sie. Allerdings gelten westliche Frauen als
kulturell sensibel, und ihre professionelle Kompetenz wird letztlich gewürdigt, auch wenn sie dafür härter arbeiten müssen als
Männer. Soziale Anlässe im Geschäftsleben können schwierig
bleiben, da die japanischen Männer in diesem Zusammenhang
ihre Befangenheit nur schwer ablegen. In Verhandlungssituationen sollten Frauen ihren Status so früh wie möglich deutlich
machen, da die Verhandlungspartner sonst davon ausgehen, dass
sie nur eine untergeordnete Rolle spielen werden.

Der Respekt vor Autorität und der Gedanke, dass Stabilität
und Harmonie auf ungleichen Beziehungen zwischen den Menschen basieren, sind zutiefst konfuzianisch. In der spätfeudalisti-
schen Edo-Zeit von 1603 bis 1867 wurde das Miteinander durch

die konfuzianische Lehre von den fünf Beziehungen bestimmt. Der Vasall diente loyal seinem Fürsten, der Sohn diente aus kindlicher Liebe seinem Vater, der jüngere Bruder diente dem älteren Bruder, die Ehefrau dem Ehemann, der Freund dem Freund. Der Staat wurde als Familie betrachtet, da die Loyalität dem einzig wahren Herrscher gegenüber nichts anderes sein konnte als die Liebe des Kindes zu seinem Vater. Verstöße gegen die hierarchische Ordnung wurden hart bestraft – teilweise sogar mit dem Tod. Auch in der Ethik der Samurai (»bushido«), einer Verbindung aus Schintoismus, Konfuzianismus und Zen-Buddhismus, wurde der Respekt vor der Hierarchie hoch geschätzt, und von einem Samurai wurden Einsatz, Disziplin, Gehorsam und volle Loyalität erwartet.

Themenbereich 8:
Paternalismus

Beispiel 21: Überstunden

Situation

Frau Hanschel arbeitet seit einem Jahr für ein großes japanisches Architekturbüro. Sie beendet ihre tägliche Arbeit meist erst gegen 22 Uhr und ihre japanischen Kollegen bleiben sogar noch länger in der Firma. Manchmal haben sie aber gar keine dringenden Aufgaben mehr zu erledigen, sondern sitzen nur noch herum und warten, dass der Chef und alle anderen Führungskräfte endlich nach Hause gehen. Dass selbst samstags immer alle im Büro sind, erfährt Frau Hanschel erst, als sie an einem Samstag dorthin fährt, um ein dringendes Projekt fertig zu stellen. Sie wundert sich über das Verhalten der Kollegen und fragt sich, ob von ihr eigentlich auch eine Sechs-Tage-Woche erwartet wird.

Warum bleiben die Mitarbeiter in der Firma, bis der Vorgesetzte und die Abteilungsleiter nach Hause gegangen sind?

- Lesen Sie nun die Antwortalternativen nacheinander durch.
- Bestimmen Sie den Erklärungswert jeder Antwortalternative für die gegebene Situation und kreuzen Sie ihn auf der darunter befindlichen Skala an. Es ist möglich, dass mehrere Antwortalternativen den gleichen Erklärungswert besitzen.

Deutungen

a) Die Mitarbeiter wollen beim Vorgesetzten einen möglichst guten Eindruck hinterlassen, um schneller befördert zu werden.

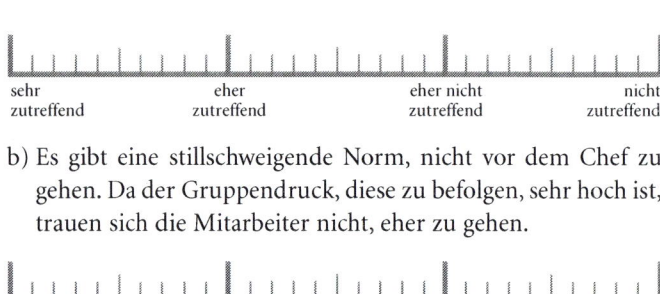

sehr   eher   eher nicht   nicht
zutreffend   zutreffend   zutreffend   zutreffend

b) Es gibt eine stillschweigende Norm, nicht vor dem Chef zu gehen. Da der Gruppendruck, diese zu befolgen, sehr hoch ist, trauen sich die Mitarbeiter nicht, eher zu gehen.

sehr   eher   eher nicht   nicht
zutreffend   zutreffend   zutreffend   zutreffend

c) Die Mitarbeiter führen häufig informelle Gespräche unterei-nander und mit Vorgesetzten. Das kostet viel Zeit.

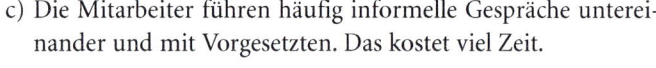

sehr   eher   eher nicht   nicht
zutreffend   zutreffend   zutreffend   zutreffend

d) Die Mitarbeiter wollen sich ihrer Arbeitsgruppe und dem Chef gegenüber loyal zeigen.

sehr   eher   eher nicht   nicht
zutreffend   zutreffend   zutreffend   zutreffend

– Versuchen Sie, Ihre Einstufung jeder Antwortalternative zu begründen. Halten Sie die Begründung in schriftlicher Form stichpunktartig fest.
– Lesen Sie nun die Erläuterungen zu jeder Antwortalternative durch und vergleichen Sie diese mit Ihren eigenen Begrün-dungen.

▨ Bedeutungen

Erläuterung zu a):
Zwar wird die Leistung eines Mitarbeiters häufiger nach seinem gezeigten Engagement und seinen Bemühungen beurteilt als nach dem tatsächlich erreichten Ergebnis, aber schneller beför-dert wird man durch Engagement nicht unbedingt. Befördert wird in den meisten Firmen immer noch nach Dienstalter. Und bei der von diesem Prinzip teilweise abweichenden Beförderung

höherer Führungskräfte werden zwischenmenschliche Fähigkeiten weit stärker gewichtet als fachliche Leistungen. Diese Antwort trifft deshalb nicht zu.

Erläuterung zu b):
Die Norm, nie vor dem Chef zu gehen, gibt es tatsächlich in vielen japanischen Firmen, und Normverletzungen werden in Japan in der Regel stärker sanktioniert als in Deutschland. Japaner werden von klein auf dazu erzogen, die Erwartungen anderer über die eigenen Ziele und Wünsche zu stellen. Im dargestellten Fall glauben die Mitarbeiter, dass der Chef ihre Anwesenheit erwartet und verärgert wäre, wenn er sie für eine Arbeit braucht, sie aber nicht mehr an ihrem Platz vorfindet. Da sie ihren Vorgesetzten nicht enttäuschen wollen, sitzen sie lieber noch in der Firma, bis auch er seine Arbeit beendet hat. Es ist also vor allem die Loyalität gegenüber dem Chef, die das Verhalten der Mitarbeiter bestimmt, und weniger der Gruppendruck durch die Kollegen.

Erläuterung zu c):
In japanischen Firmen ist es üblich und wichtig, die Mitarbeiter viel intensiver als in Deutschland über neue Projekte, Entwicklungen und Ziele zu informieren. Betriebliche Entscheidungen werden in zahlreichen informellen Gesprächen vorbereitet. Diese Gespräche kosten natürlich Zeit und sind damit eine Ursache für die langen Arbeitszeiten in Japan: Die Arbeitszeit japanischer Angestellter ist durchschnittlich 30 Prozent länger als die deutscher Angestellter. Außerdem tauschen sich japanische Mitarbeiter während der Arbeitszeit auch über Privates aus, da die meisten Kollegen gut miteinander befreundet sind. Diese Antwort trifft durchaus zu, aber es gibt noch einen wichtigeren Grund für das Verhalten der Mitarbeiter.

Erläuterung zu d):
Die Mitarbeiter gehen deshalb nicht vor dem Chef aus dem Haus, weil sie noch für ihn greifbar sein wollen, falls er sie braucht. Loyalität hat einen sehr hohen Stellenwert in Japan, und wie sich die Mitarbeiter in Bezug auf ihre Arbeitszeit verhalten, ist für den Vorgesetzten ein wichtiges Zeichen ihrer Loyalität. Das Gleiche gilt für die Zusammenarbeit mit Kollegen. Da die Zugehörigkeit

zu einer Gruppe für die meisten Japaner sehr wichtig ist, sind sie auch bereit, viel für die Gruppe zu tun. Aus Solidarität mit den Kollegen bleibt man durchaus einmal länger und nimmt ihnen Arbeit ab. Im Beispiel überwiegt aber das Loyalitätsgefühl gegenüber den Hierarchiehöheren, denen man durch seine Anwesenheit Respekt zollt.

▨ Lösungsstrategie

Abhängig davon, was Frau Hanschel in der Firma erreichen will, bieten sich ihr verschiedene Handlungsmöglichkeiten. Will sie nur für eine begrenzte Zeit in Japan arbeiten, kann sie den »Ausländerbonus« ausnutzen und weiterhin nur so lange im Büro bleiben, wie sie dringend zu arbeiten hat. Vielen Japanern ist bekannt, dass in Deutschland nicht so lange gearbeitet wird. Sie halten die Deutschen aber für effizient und wissen, dass ihnen das Privatleben wichtig ist. Einige Japaner glauben auch, dass Ausländer nicht so lange »durchhalten« können wie sie. Es gibt für Frau Hanschel also die Möglichkeit, sich mit passenden Begründungen – die Arbeit sei erledigt oder sie sei müde – von ihren Kollegen zu verabschieden. Samstags braucht sie auch nicht im Büro zu erscheinen, solange sie niemand explizit dazu auffordert. Will Frau Hanschel jedoch auf Dauer in der japanischen Firma arbeiten, sollte sie mit einem vertrauten Kollegen beraten, ob sie noch mehr Überstunden als bisher machen sollte. Insbesondere wenn sie eine Karriere in der Firma anstrebt oder engere Beziehungen zu den Kollegen wünscht, sollte sie ihre persönliche Freizeit opfern, genauso lange wie die Kollegen im Büro sein und ihnen gegebenenfalls ihre Hilfe anbieten.

▨ Beispiel 22: Terminschwierigkeiten

▨ Situation

Frau Jähn vereinbart mit ihrem Mitarbeiter Herrn Hanano, dass er bis zum nächsten Tag um drei Uhr verschiedene Tabellen anfertigt und sie ihr vorbeibringt. Am folgenden Tag hat Frau Jähn zu dieser Zeit noch keine Tabellen von Herrn Hanano auf dem Tisch. Sie geht daraufhin zu ihm und fragt ihn, ob er die Tabellen fertig gestellt habe. Als Herr Hanano verneint, wird Frau Jähn ärgerlich. Sie weist ihn auf die getroffene Vereinbarung hin und fordert, dass er ihr vorher Bescheid sagen solle, wenn er seine Aufgabe nicht rechtzeitig beenden könne. Herr Hanano ist sichtlich bestürzt über Frau Jähns Reaktion und antwortet, dass es einfach nicht zu schaffen gewesen sei und er doch sein Bestes gegeben habe.

Warum hat Herr Hanano Frau Jähn nicht gesagt, dass er es nicht schaffen wird, die Tabellen termingerecht fertig zu stellen?

– Lesen Sie nun die Antwortalternativen nacheinander durch.
– Bestimmen Sie den Erklärungswert jeder Antwortalternative für die gegebene Situation und kreuzen Sie ihn auf der darunter befindlichen Skala an. Es ist möglich, dass mehrere Antwortalternativen den gleichen Erklärungswert besitzen.

▨ Deutungen

a) Herr Hanano hat erwartet, dass Frau Jähn sich explizit noch einmal nach Schwierigkeiten erkundigen wird. Er kann ihr nicht einfach direkt ins Gesicht sagen, dass ihre Anweisung unrealistisch ist.

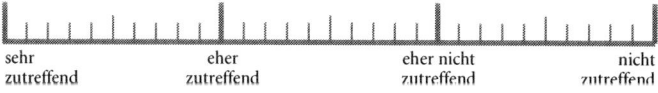

sehr	eher	eher nicht	nicht
zutreffend	zutreffend	zutreffend	zutreffend

b) Herr Hanano fürchtet Frau Jähns Ärger und einen Gesichtsverlust. Er sagt ihr deshalb nicht, dass er die Arbeit nicht schaffen kann.

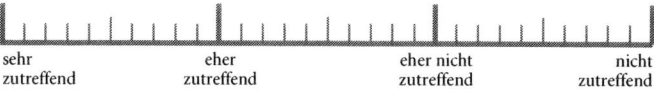

sehr	eher	eher nicht	nicht
zutreffend	zutreffend	zutreffend	zutreffend

c) In Japan ist es nicht so wichtig, einen Termin einzuhalten. Hauptsache, man hat sein Bestes gegeben.

sehr
zutreffend

eher
zutreffend

eher nicht
zutreffend

nicht
zutreffend

d) Herrn Hanano erschien die Aufgabe nicht so dringend, da Frau Jähn zwischendurch nicht noch einmal nachgefragt hat.

sehr
zutreffend

eher
zutreffend

eher nicht
zutreffend

nicht
zutreffend

– Versuchen Sie, Ihre Einstufung jeder Antwortalternative zu begründen. Halten Sie die Begründung in schriftlicher Form stichpunktartig fest.

– Lesen Sie nun die Erläuterungen zu jeder Antwortalternative durch und vergleichen Sie diese mit Ihren eigenen Begründungen.

Bedeutungen

Erläuterung zu a):

Japanische Mitarbeiter erwarten, dass ihr Vorgesetzter gut einschätzen kann, wie lange eine Tätigkeit dauern wird, und dass er ihnen auch die angemessene Zeit dafür zur Verfügung stellt. Erteilt die Führungskraft die Anweisung, eine bestimmte Aufgabe bis zu einem Termin auszuführen, so hinterfragen die Untergebenen diesen Auftrag in der Regel nicht, sondern bemühen sich nach Kräften, ihn erfolgreich auszuführen. Bei einer gegenseitigen Vereinbarung zwischen Frau Jähn und Herrn Hanano erwartet sie wahrscheinlich, dass er mögliche Zweifel bezüglich des Termins äußert. Er kann seine Befürchtungen aber nur indirekt ausdrücken – zum Beispiel durch Fragen oder Zögern –, weil jede direktere Äußerung gegenüber einer hierarchisch höher gestellten Person unverschämt wäre. Die Vorgesetzte muss das berücksichtigen und sich deshalb fürsorglich danach erkundigen, ob Herr Hanano noch Unterstützung beim Erstellen der Tabellen benötigt. Diese Antwort trifft am meisten zu.

Erläuterung zu b):

Gefühle wie Ärger und Ungeduld, aber auch Überraschung und

große Freude zeigt man in Japan oft nur unter engen Freunden. Im Umgang mit anderen Personen wie zum Beispiel den eigenen Mitarbeitern tritt man hingegen möglichst beherrscht auf. Zeigt Frau Jähn ihren Ärger jedoch deutlich, so offenbart das aus japanischer Perspektive ihre mangelnde Fähigkeit, die Harmonie zu wahren, und führt zu einem Gesichtsverlust bei Herrn Hanano, da seine Person offen kritisiert wird. Wenn Herr Hanano nicht darauf vertrauen kann, dass Frau Jähn sein Gesicht wahren wird, möchte er ihr nur ungern sagen, dass er eine Arbeit nicht schaffen kann. Diese Antwort erklärt einen Aspekt der Situation.

Erläuterung zu c):
Man schätzt in Japan zwar das Engagement eines Mitarbeiters sehr stark und mitunter mehr als seine tatsächlich erbrachten Leistungen, aber Termine werden trotzdem als verbindlich angesehen. Insbesondere gegenüber Ranghöheren wie dem Vorgesetzten oder Kunden versucht man, Termine unbedingt einzuhalten. Allerdings hat der Vorgesetzte auch die Pflicht, seinen Mitarbeiter zu fragen, ob die Aufgabe Schwierigkeiten bereitet, und ihm gegebenenfalls Hilfe anzubieten. Diese Antwort trifft nicht zu.

Erläuterung zu d):
Japanische Mitarbeiter sind häufig mit mehreren Aufgaben gleichzeitig beschäftigt und müssen daher Prioritäten setzen. Japanische Vorgesetzte helfen ihren Untergebenen dabei, indem sie besonders wichtige Aufgaben immer wieder erwähnen und häufig den aktuellen Ergebnisstand erfragen. Allerdings scheint Herrn Hanano die Dringlichkeit des Auftrags durchaus bewusst gewesen zu sein, da er sein äußerstes Engagement für die Aufgabe betont. Eine andere Antwort erklärt die Situation besser.

▓ Lösungsstrategie

Es gibt in japanischen Unternehmen durchaus Mitarbeiter, die ihre Meinung direkter äußern als Herr Hanano, weil sie beispielsweise die Zusammenarbeit mit Deutschen gewöhnt sind. Generell sollten Sie sich aber eher auf Situationen wie die geschilderte einstellen. Erteilen Sie eine Anweisung, so sollten Sie mehrfach und freundlich nachfragen, ob die Aufgabe verstanden wurde, und genau auf nonverbale Anzeichen für Unverständnis oder Widerspruch achten. Wollen Sie eine terminliche Vereinbarung mit einem Mitarbeiter treffen, so sollten Sie seine Einschätzung einholen, bevor Sie Ihre eigene äußern, da er sonst seine möglicherweise abweichende Meinung nicht mehr kundtun wird. Während der Mitarbeiter die Aufgabe bearbeitet, sollten Sie sich ruhig wiederholt und auf fürsorgliche Art danach erkundigen, ob er gut vorankommt oder Hilfe benötigt. Sie signalisieren dadurch Unterstützung und auch, dass die Erfüllung der Aufgabe sehr wichtig und dringend ist. Kann ein Mitarbeiter seine Aufgabe einmal nicht rechtzeitig fertig stellen, sollten Sie Ihren Ärger verbergen und seinen Einsatz trotzdem loben. Sie können den Mitarbeiter an dieser Stelle auch darum bitten, das nächste Mal von sich aus zu Ihnen zu kommen, wenn es bei der Bewältigung einer Aufgabe Schwierigkeiten gibt. Das wird er aber sicher erst tun, wenn sich langfristig eine vertrauensvolle Beziehung zwischen Ihnen etabliert hat.

▨ Beispiel 23: Der Präsident

▨ Situation

Herr Brandt kommt als neuer Präsident einer deutschen Firma nach Japan. Nach den ersten zwei Wochen beginnt er bereits, drastische Veränderungen einzuführen. Er entlässt Mitarbeiter und fordert die Verbleibenden zu mehr Effizienz und einer stärkeren Orientierung an der Strategie des deutschen Stammhauses auf. Er hat allerdings das Gefühl, dass die Mitarbeiter seine Anweisungen nicht befolgen. Sie sind zwar alle immer sehr freundlich zu ihm, aber er erhält zunehmend weniger Informationen über den Stand von Projekten und Tagesgeschäft. Nach einem Monat beschwert sich Herr Brandt beim Stammhaus in Deutschland über den verdeckten Widerstand der japanischen Mitarbeiter. Daraufhin fällt es ihm noch schwerer, von seinen Untergebenen Informationen zu bekommen. Herr Brandt wird dadurch langsam handlungsunfähig. Nach weiteren zwei Monaten erhält er vom Stammhaus schließlich die Aufforderung, seine Tätigkeit in Japan abzubrechen und nach Deutschland zurückzukehren. Seine Vorgesetzten im Stammhaus haben einen anonymen Brief aus Japan erhalten, in dem Beschwerden über ihn aufgelistet sind. Herr Brandt kehrt zurück, ohne etwas erreicht zu haben, voller Unverständnis über das, was passiert ist.

Wieso reagieren die japanischen Mitarbeiter mit verdecktem Widerstand auf Herrn Brandts Anweisungen?

– Lesen Sie nun die Antwortalternativen nacheinander durch.
– Bestimmen Sie den Erklärungswert jeder Antwortalternative für die gegebene Situation und kreuzen Sie ihn auf der darunter befindlichen Skala an. Es ist möglich, dass mehrere Antwortalternativen den gleichen Erklärungswert besitzen.

■ Deutungen

a) Die Mitarbeiter wollen nicht, dass ein Ausländer ihre Firma führt, und unterlaufen deshalb Herrn Brandts Anweisungen.

| sehr zutreffend | eher zutreffend | eher nicht zutreffend | nicht zutreffend |

b) Die Mitarbeiter reagieren mit Protest, weil Herr Brandt nach kaum zwei Wochen in Japan schon alles besser weiß und alles verändern will. In Deutschland würde es ihm genauso ergehen.

| sehr zutreffend | eher zutreffend | eher nicht zutreffend | nicht zutreffend |

c) Die Belegschaft ist empört über Herrn Brandts Entlassungen, da in großen japanischen Unternehmen meist das Prinzip lebenslanger Anstellung gilt.

| sehr zutreffend | eher zutreffend | eher nicht zutreffend | nicht zutreffend |

d) Herr Brandt hat es versäumt, seine Mitarbeiter über mögliche Veränderungen erst einmal zu informieren, dann ihre Meinung einzuholen und diese bei seinen Entscheidungen zu berücksichtigen.

| sehr zutreffend | eher zutreffend | eher nicht zutreffend | nicht zutreffend |

– Versuchen Sie, Ihre Einstufung jeder Antwortalternative zu begründen. Halten Sie die Begründung in schriftlicher Form stichpunktartig fest.
– Lesen Sie nun die Erläuterungen zu jeder Antwortalternative durch und vergleichen Sie diese mit Ihren eigenen Begründungen.

▨ Bedeutungen

Erläuterung zu a):
Es gibt in Japan sicherlich Menschen, die Ausländern in einflussreichen Positionen eher ablehnend gegenüberstehen. Diese Ablehnung bezieht sich aber zumeist auf den Bereich der Politik und Verwaltung. In der Privatwirtschaft sind ausländische Manager und Topmanager weitestgehend anerkannt und geschätzt – teilweise sogar dann, wenn sie traditionelle japanische Firmen leiten. Diese Antwort könnte also vielleicht das Verhalten einzelner Mitarbeiter erklären, aber sie offenbart nicht, warum die ganze Belegschaft mit verdecktem Widerstand reagiert. Die Antwort ist daher unzutreffend.

Erläuterung zu b):
Sicher würden Herrn Brandts überstürzte Veränderungen auch in Deutschland auf Protest bei den Mitarbeitern stoßen, zumal es um Stellenkürzungen geht. Die Antwort ist trotzdem nur teilweise richtig. Veränderungen werden in Japan noch langfristiger vorbereitet als in Deutschland und vor allem nicht einfach von oben angeordnet. Die unteren Ebenen werden beteiligt und um ihre Meinung zu möglichen Veränderungen gebeten. Außerdem würde Herrn Brandt in Deutschland höchstwahrscheinlich offe-

ner und nicht verdeckter Widerstand begegnen. Japanische Mitarbeiter hingegen können ihrem Vorgesetzten keine direkte Kritik entgegenbringen, da dies eine grobe Verletzung der Hierarchie bedeuten würde. Sie müssen daher auf indirekte Formen der Kritik (Brief an das Stammhaus, Ignorieren von Anweisungen, Zurückhalten von Informationen) zurückgreifen, um ihre Meinung deutlich zu machen.

Erläuterung zu c):
Das Prinzip der lebenslangen Anstellung (vgl. Kulturstandard »Gruppenzugehörigkeit«) gibt es in Japan in der Tat, allerdings gilt es in der Regel nur für die männliche Stammbelegschaft großer Firmen. In diesen Unternehmen werden bei wirtschaftlichen Krisen Entlassungen vermieden, selbst wenn dafür die Gehälter des Topmanagements gekürzt werden müssen. Die Belegschaft rückt dadurch enger zusammen und dankt es der Firma mit überdurchschnittlichem Einsatz. Dieses Vorgehen in Krisenzeiten unterscheidet sich maßgeblich vom westlichen »Hire-and-fire«-Prinzip. Jedoch können auch in Japan Entlassungen nicht immer vermieden werden. Trotzdem muss die Situation nicht so eskalieren wie im Beispiel. Die Antwort c) trifft also nur teilweise zu. Es gibt eine bessere Erklärung für diese Situation.

Erläuterung zu d):
Der ideale Topmanager leitet eine Firma in Japan wie ein wohlwollender Vater. Er hat eine Ausgleichsfunktion zwischen den verschiedenen Interessengruppen und muss deshalb alle Meinungen berücksichtigen und nicht nur aus Gründen der Effizienz Entscheidungen fällen. Es ist viel stärker als in Deutschland üblich, die Mitarbeiter bei der Veränderung der Firma mitwirken zu lassen. Die Manager sind sich bewusst, dass die Belegschaft ihre wichtigste Ressource darstellt, und die Beziehung zwischen einem Mitarbeiter und seinem direkten Vorgesetzten ist eher eine emotionale als eine vertragliche Verbindung. Die Loyalität des Mitarbeiters gegenüber seinem Vorgesetzten und damit der Firma hängt dadurch maßgeblich von der Qualität dieser Beziehung ab. Kümmert sich der Vorgesetzte nicht ausreichend um seine Mitarbeiter, indem er sie beispielsweise nicht mit in seine Ent-

scheidungen einbezieht und ihre Meinung nicht berücksichtigt, reagieren sie mit Widerstand. Diese Antwort erklärt die Situation am besten.

▓ Lösungsstrategie

Die Vorbereitung erfolgreicher Veränderungen dauert in Japan wesentlich länger als in Deutschland, weil alle Ebenen bei grundlegenden Veränderungsprozessen eingebunden werden und einen Konsens finden müssen. Notwendige Änderungen sind daher mit einer umfangreichen Informationspolitik einzuleiten. Ziel eines deutschen Topmanagers in Japan sollte zuallererst die Herstellung einer vertrauensvollen und persönlichen Beziehung zu seinen unmittelbar Untergebenen sein, damit sie seine Vorhaben unterstützen. Er sollte ihr Wissen und Engagement wertschätzen und ihre Meinungen und Bedürfnisse bei seinen Entscheidungen berücksichtigen.

Ein Manager, der wie Herr Brandt feststellt, dass das Unternehmen nach deutscher Auffassung zu viel Personal beschäftigt und ineffizient arbeitet, sollte seine Sichtweise auf den Personalüberhang zunächst einmal kritisch überprüfen. Mit einer Entlassung könnte er zwar kurzfristig Kosten sparen, aber es besteht die große Gefahr, dass er das Vertrauen und damit die Loyalität seiner übrigen Mitarbeiter verliert. Kündigungen sind nur dann ratsam, wenn alle anderen Möglichkeiten ausgeschöpft und die Mitarbeiter davon überzeugt worden sind, dass Entlassungen unvermeidlich sind, um das Unternehmen zu retten.

▓ Kulturelle Verankerung von »Paternalismus«

Die Beziehung zwischen dem Vorgesetzten und seinen Mitarbeitern trägt in Japan stark paternalistische Züge. Sie ist in erster Linie von gegenseitiger emotionaler Abhängigkeit und sozialer Verpflichtung und weniger von einer vertraglichen Bindung gekennzeichnet. Der Vorgesetzte hat dabei die Vaterrolle inne und kümmert sich um seine Mitarbeiter, die im Gegenzug hohen Einsatz und unbedingte Loyalität zeigen. Die Beziehung ähnelt dem Verhältnis zwischen einem Mentor und seinem Schützling.

Die freiwillige emotionale Abhängigkeit des Untergebenen vom Vorgesetzten wird in Japan oft durch das Konzept des »amae« beschrieben. Unter »amae« wird der unbewusste Wunsch nach bedingungsloser Liebe und Anerkennung durch die Person verstanden, von deren Wohlwollen man abhängig ist. Ein Kind, das bedingungslos geliebt wird, hat das Recht, sich bei seiner Mutter auszuleben, und kann sich ihrer Nachsicht sicher sein. Seine Veranlagungen, Eigenarten und Wünsche werden von ihr akzeptiert und es erhält in ihrem Schutz einen Freiraum, in dem es sich entfalten kann. Während der Sozialisation wird dieses Verhältnis zuerst auf Lehrer und später auf den direkten Vorgesetzten und andere Autoritätspersonen übertragen.

Die emotionale Abhängigkeit in der Beziehung zwischen Mitarbeiter und Führungskraft ist allerdings nicht einseitig. Der Vorgesetzte nimmt dem Mitarbeiter zwar Entscheidungen ab und trifft sie in seinem Sinne, so dass der Untergebene sich auf die für ihn wichtigen Dinge konzentrieren kann. Der Vorgesetzte möchte andererseits aber auch gebraucht werden und hängt dadurch wiederum vom Bedürfnis des Mitarbeiters nach Anlehnung, Hilfe und Rat ab. Ist der Mitarbeiter wenig anlehnungsbedürftig oder gar rebellisch, schwindet die väterliche Autorität des Vorgesetzten.

Will ein junger Mann Karriere machen, bittet er eine einflussreiche Person um Unterstützung. Erhält er diese, so bemüht er sich, Gegenleistungen zu erbringen und die Erwartungen des anderen zu erfüllen. Ein häufiges Geben und Nehmen zwischen dem Rangniederen und dem Ranghöheren führt zur Entwicklung einer engen Mentor-Protegé-Beziehung. Der Mitarbeiter bringt seinem Senior beziehungsweise seinem Vorgesetzten Aufmerksamkeit und Respekt entgegen und führt seine Anweisungen ohne Zögern aus, selbst wenn sie nicht in seinem Aufgabenbereich liegen. Er schöpft seinen Urlaubsanspruch nicht aus, um zu zeigen, dass ihm die Arbeit wichtiger ist als das Vergnügen, und lässt sich widerspruchslos in abgelegene Zweigstellen versetzen.

Da sich die Angestellten ihren direkten Vorgesetzten meist stark verpflichtet fühlen, kann es bei der Durchführung von abteilungsübergreifenden Projekten Probleme geben, wenn man nicht alle Vorgesetzten in die Konsensfindung einbezieht. Blockiert einer der Vorgesetzten das Projekt, wird er seinen Mitarbeiter abziehen oder ihn anweisen, das Projekt zu verzögern. Der Mitarbeiter wird sich dem in der Regel beugen, selbst wenn er persönlich von dem Projekt überzeugt ist.

Der ideale Vorgesetzte empfindet eine wohlwollende, väterliche Zuneigung gegenüber seinen Mitarbeitern. Er berücksichtigt ihre Vorstellungen und Wünsche und sorgt sich um ihre Zukunft. Er informiert sie über wichtige geplante Änderungen in der Firma und holt zuerst ihre Meinung ein, bevor er sich eine eigene Meinung bildet, da sie ihm in der Regel nicht direkt widersprechen würden. Da er weiß, dass sich Spannungen in einer Arbeitsgruppe nicht immer vermeiden lassen, fördert er gemeinsame Kneipenbesuche nach Arbeitsende, um einen Ausgleich zu schaffen. Der Vorgesetzte erkundigt sich nach dem Fortgang geplanter Arbeiten und bietet Unterstützung bei Problemen an. Wenn er Kritik üben muss, ermuntert er die gesamte Gruppe zu besseren Leistungen, statt einzelne Mitarbeiter zu kritisieren. Je einsichtiger und duldsamer ein Chef ist, desto loyaler unterstützen ihn seine Mitarbeiter. Da es die wichtigste Aufgabe einer Führungskraft ist, gute Mitarbeiter *emotional* an sich zu binden, hilft der Vorgesetzte seinen Untergebenen auch bei der Lösung ihrer privaten Probleme. Er versucht außerdem um jeden Preis, Entlassungen zu vermeiden, und hilft den Mitarbeitern, eine neue Stelle zu finden, wenn aufgrund der Wirtschaftslage doch entlassen werden muss.

Ein erfolgreicher Manager in Japan verfügt also vor allem über gute zwischenmenschliche Fähigkeiten. Er ist in der Lage, Harmonie und Konsens zu schaffen, kann gut zuhören und sich zurückhalten. Bei einer stabilen emotionalen Bindung kann der Vorgesetzte auch einmal harte Kritik an der Arbeit seines Untergebenen üben oder extrem hohes Engagement von ihm verlangen. Der Mitarbeiter wird ihn trotzdem nach Kräften unterstützen. Auch mangelnde Fachkompetenz führt nicht notwendigerweise zu einem Autoritätsverlust, sondern die Mitarbeiter versuchen, die fachlichen Schwächen des Vorgesetzten stillschweigend auszugleichen. Kleine Schwächen machen in Japan einen Chef überhaupt erst menschlich. Da Deutsche die Tendenz haben, sich als starke, feh-

136

lerlose Persönlichkeiten darzustellen, werden sie von ihren japanischen Mitarbeitern oft als kalt empfunden. In Japan ist es für die Entwicklung eines Vertrauensverhältnisses mit den Mitarbeitern unerlässlich, ab und an kleine Schwächen preiszugeben und über Privates, zum Beispiel über Hobbys und Familie, zu sprechen. Das bedeutet allerdings nicht, dass man sich mit den Untergebenen auf eine Stufe stellt. Schon allein sprachlich sollte man immer der Vorgesetzte bleiben und die Mitarbeiter informell ansprechen, während diese sich einer sehr höflichen Sprache bedienen. Anderenfalls könnten sie den Respekt verlieren. Mitarbeiter bevorzugen auch heute noch paternalistische Vorgesetzte, und die gegenseitige emotionale Abhängigkeit hat sich kaum verringert, auch wenn in manchen Start-up-Unternehmen mittlerweile auf die Anrede des Vorgesetzten mit seinem Titel verzichtet wird.

Die Haltung der Stammbelegschaft großer Firmen gegenüber ihrem Arbeitgeber erinnert an die Loyalitätsbande zwischen Samurai (Ritter) und Daimyo (Landesfürst) in der Tokugawa-Zeit (1603–1867). Im Paternalismus der Vorgesetzten spiegelt sich das konfuzianische Ethos der emotionalen Verbundenheit des Herrn mit seinen Abhängigen, der zusammen mit ihnen Not litt, wenn es ihnen wirtschaftlich schlecht ging. Diese gegenseitige emotionale Verbundenheit zwischen Ranghöherem und Rangniederem zeigt sich jedoch nicht durchgängig in der japanischen Geschichte. Zwar lebten die Menschen zur Zeit der Samurai meist in autarken Haushalten (»ie«) zusammen, in denen die Mitglieder dem paternalistischen Oberhaupt Gehorsam schuldeten, doch im Zuge der Industrialisierung und Verstädterung zerfielen die »ie« und die Fabriken beuteten ihre Arbeiter zunehmend aus. Erst im 20. Jahrhundert wurde mit der Einführung des »Familismus« im japanischen Management (vgl. Kulturstandard »Gruppenzugehörigkeit«) die emotionale Verbundenheit zwischen dem Ranghöheren und dem Rangniederen wieder wichtig.

▨ Kurze Zusammenfassung der Kulturstandards

▨ »Konsensorientierung«

In Japan werden Entscheidungen gemeinschaftlich getroffen, um die Harmonie in der Gruppe zu wahren. In Firmen haben Mitarbeiter deshalb die Chance, ihre Meinung vor allem in informellen Treffen zu äußern. Durch die Beteiligung aller an der Entscheidungsfindung entsteht ein Gefühl gemeinsamer Verantwortung.

▨ »Gesicht wahren«

Eine Person, die beschämt wurde, verliert ihr Gesicht. Um einen Gesichtsverlust bei sich selbst oder anderen zu vermeiden, existieren in Japan viele implizite Regeln, die das angemessene Verhalten für bestimmte Situationen beschreiben. Durch die Einhaltung der Etikette kann man sich in der Gesellschaft frei bewegen und muss nicht befürchten, jemanden durch unangemessenes Verhalten zu beschämen.

▨ »Harmonie«

Das Streben nach Harmonie ist ein Grundprinzip des gesellschaftlichen Zusammenlebens in Japan. Es basiert auf dem Konfuzianismus, dessen Ideal eine harmonische Regelung des Zusammenlebens durch moralische und soziale Verpflichtungen ist. Um die Harmonie wahren zu können, muss der Einzelne umfassendes Wissen über sein Umfeld besitzen und in Konfliktsituationen selbstbeherrscht auftreten können. Er muss in der Lage sein, sein eigenes Gesicht und das der anderen zu wahren, und sollte bei Entscheidungsfindungen konsensorientiert vorgehen.

■ »Beziehungsorientierung«

Soziale Beziehungen haben in Japan eine große Bedeutung. Sie sind gekennzeichnet durch Kontinuität, gegenseitige Loyalität, Vertrauen und emotionale Abhängigkeit. In der Kommunikation haben Beziehungsaspekte Vorrang vor Sachaspekten. Geschenke und gemeinsame Aktivitäten dienen dazu, Beziehungen aufzubauen und zu pflegen.

■ »Gruppenzugehörigkeit«

Typisch für Japaner ist deren enge Zugehörigkeit zu einer primären Gruppe, zum Beispiel zu einer Abteilung oder Firma. Die eigene Identität wird eher über diese Gruppenzugehörigkeit als über individuelle Eigenschaften definiert. Die Gruppe selbst ist gekennzeichnet durch emotionale Bindungen, ausgeprägte informelle Netzwerke und hohe Solidarität der Gruppenmitglieder untereinander. Die enge Bindung an die eigene Gruppe führt im Gegenzug zu einer starken Abgrenzung von anderen Gruppen.

■ »Abgrenzung gegenüber Außenstehenden«

In Japan zeigt man gegenüber Außenstehenden andere Verhaltensweisen als gegenüber Mitgliedern der eigenen Gruppe. Fremden muss man zum Beispiel keine Zuneigung, Höflichkeit oder Zurückhaltung entgegenbringen. Je nach Situation kann dieselbe Person als Mitglied der eigenen Gruppe (beispielsweise als Japaner) oder der Fremdgruppe (etwa als Angestellter einer anderen Firma) betrachtet werden. Ausländer können nur bedingt in eine Gruppe aufgenommen werden, weil sie keine Japaner sind. Sie besitzen einen Sonderstatus und werden häufig anders behandelt als Einheimische.

▓ »Hierarchieorientierung«

Durch den konfuzianischen Einfluss ist in Japan die Ansicht verbreitet, dass Rangunterschiede zwischen den Menschen naturgegeben sind. Dementsprechend ist die japanische Gesellschaft stark von vertikalen Beziehungsmustern geprägt. Je nach Alter und Geschlecht haben Personen unterschiedliche Positionen in der Hierarchie. Die Einhaltung der Rangordnung erhält die Stabilität und Harmonie in der Gesellschaft, ihre Missachtung hingegen kann zu Gesichtsverlust führen.

▓ »Paternalismus«

Die Beziehung zwischen einem Ranghöheren und einem Rangniederen ist durch emotionale Abhängigkeit, gegenseitige soziale Verpflichtung und Loyalität gekennzeichnet. Das ständige Geben und Nehmen wird besonders zwischen dem direkten Vorgesetzten und seinem Mitarbeiter deutlich. Die väterlich-wohlwollende Beziehung zum Untergebenen ist aus dem konfuzianischen Ethos von der emotionalen Verbundenheit des Herrn mit seinen Abhängigen entstanden.

■ Zusammenhangsstruktur der Kulturstandards

Vielleicht haben Sie bei der Bearbeitung der Fallbeispiele manchmal gedacht, dass mehr als ein Kulturstandard in einer Situation wirkt. Dies ist durchaus möglich, da die Situationen meist sehr komplex sind und es nicht nur eine Erklärung für das Verhalten der japanischen Kommunikationspartner gibt. Die Situationen wurden deshalb immer dem Kulturstandard zugeordnet, der in der jeweiligen Situation am stärksten wirksam war. Die Anordnung der Trainingseinheiten erfolgte aufgrund der Zusammenhangsstruktur der acht Kulturstandards:

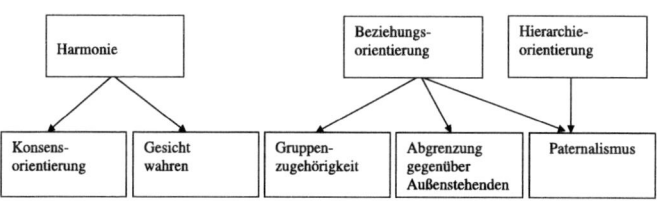

»Harmonie« bildet den übergeordneten Kulturstandard für »Konsensorientierung« und »Gesicht wahren«, da durch die Praxis des Gesichtwahrens und durch das Anstreben einer gemeinsamen Gruppenentscheidung die Harmonie in Gruppen aufrechterhalten wird. Eine weitere übergeordnete Kategorie bildet der Kulturstandard »Beziehungsorientierung«. Die zentrale Bedeutung von engen, emotionalen zwischenmenschlichen Beziehungen führt dabei nicht nur zu sehr loyalem Verhalten gegenüber Mitgliedern der eigenen Gruppe (»Gruppenzugehörigkeit«), sondern auch zu einer starken »Abgrenzung gegenüber Außenstehenden«. Dem übergeordneten Kulturstandard »Hierarchieorientierung« kann der spezifischere Kulturstandard »Paternalismus« zugeordnet werden. Während »Hierarchieorientierung« nur die prinzipielle Bedeutung der Rangordnung in der japanischen Gesellschaft beschreibt, fokussiert »Paternalismus« auf den emotionalen Aspekt vertikaler Beziehungen. Der Kulturstandard »Paternalismus« kann deshalb gleichzeitig dem Kulturstandard »Beziehungsorientierung« zugeordnet werden.

▓ Ratschläge zum Verhalten in Japan

In diesem Kapitel finden Sie einige allgemeine Ratschläge zum Verhalten in Japan und Tipps, wie Sie den Arbeitsalltag in Japan meistern können. Die Hinweise sind mit Zitaten von Entsandten in Japan illustriert. Sie sollten die Hinweise und Ratschläge auch nur als solche betrachten und nicht als feste Regeln. Es gibt große Unterschiede im Verhalten von Japanern, so dass Ihre größte Herausforderung darin bestehen wird, flexibel zu reagieren, oder mit den Worten eines Entsandten gesagt:

»Typisch für Japan ist die Ambivalenz, das heißt einen Tag tritt die Situation so auf, am anderen Tag genau andersherum. Daher besteht die Anforderung an Ausländer darin, auf beide Situationen adäquat zu reagieren. Japaner versuchen, sich gegenüber ihren westlichen Geschäftspartnern westlich zu verhalten, um ihnen entgegenzukommen. Und westliches Verhalten der Japaner kann zu Verstörung auf westlicher Seite führen.«

▓ Allgemeine Ratschläge zum Verhalten in Japan

▓ Diskussionen

Japaner haben in der Regel keine Übung im kontroversen Diskutieren. Die deutsche Neigung alles auszudiskutieren wird als impertinent, rüde oder langweilig angesehen. Halten Sie sich daher gegenüber Japanern zurück und treffen Sie sich lieber einmal mit Deutschen, wenn Sie diskutieren wollen:

»Ich bin aus einer deutschen Kneipe rausgekommen und war dann noch zwei Tage glücklich, weil ich mich richtig mit jemandem unterhalten habe, bis zur Grenze zum Streiten . . . Intelligente Information, Meinungsaustausch, Streitgespräch – das ist es, was mir hier fehlt.«

Höflichkeit

In anonymen Situationen werden Sie erstaunt sein, wie rüpelhaft und unhöflich Japaner nach westlichen Vorstellungen sein können. Höflichkeit gilt in Japan in erster Linie innerhalb einer Gruppe und dann, wenn Sie als Gast oder Kunde ein Gesicht gewonnen haben.

»Was ich angenehm in Japan finde? Ich brauche der Verkäuferin nicht zu sagen, dass ich bedient werden möchte.«

»Wenn Sie in ein Geschäft hineingehen, dann können Sie eine Stunde bleiben. Sie können sich zehn verschiedene Anzüge anschauen und wenn Sie nach einer Stunde nichts gekauft haben und gehen, werden Sie immer noch wie ein Kaiser verabschiedet.«

Etikette

Aus japanischer Sicht ermöglicht die Etikette, dass man sich in der Gesellschaft frei bewegen kann, ohne ständig Gefahr zu laufen, sich oder andere durch unangemessenes Verhalten zu beschämen. Da Japaner den Status einer Person kennen müssen, um die Etikette einhalten zu können, ist die Übergabe zweisprachiger Visitenkarten gleich zu Beginn des Kennenlernens essenziell. Japaner mögen außerdem keine Überraschungen (auch keine positiven), da sie sich auf solche Situationen und das angemessene Verhalten innerlich nicht vorbereiten können. Versuchen Sie ruhig, sich einigen japanischen Umgangsformen anzupassen, wie zum Beispiel dem Verbeugen oder dem Lächeln, selbst wenn es amüsant für Japaner ist.

Gesicht wahren

Auch wenn Sie im Recht sind, sollten Sie es vermeiden, Ihr Gegenüber zu belehren, um sein Gesicht zu wahren. Äußern Sie Kritik eher indirekt statt laut und aggressiv.

▨ Geschenke

Geschenke dienen dazu, Beziehungen aufzubauen und zu pflegen. Sie sollten deshalb genau auf die beschenkte Person, die Situation und die Hierarchieverhältnisse abgestimmt sein. Außerdem sollte bereits die Umhüllung zeigen, wie viel Mühe sich der Schenkende gemacht hat. Lassen Sie Geschenke daher kunstvoll verpacken.

▨ Ausländer

Viele Japaner sehen Sie als einen »gaijin« – einen Fremden, der die japanische Kultur nie ganz verstehen kann. Als Ausländer haben Sie daher eine Sonderrolle und es werden Ihnen viele Verstöße gegen die Etikette verziehen.

»Niemand erwartet von Ihnen, dass Sie japanisch sind und alles verstehen. Solange Sie Ihrem Geschäftspartner nicht die Zunge rausstrecken, ist alles in Ordnung, weil Sie eben ein Ausländer sind.«

»Ausländer haben einen riesigen Bonus. Darum fühle ich mich auch viel komfortabler, wenn ich in unklaren Situationen bin.«

▨ Ratschläge für die berufliche Zusammenarbeit mit Japanern

▨ Langfristigkeit

Geschäfte müssen in Japan langfristig geplant werden. Allein für die Vorbereitung und den Beziehungsaufbau sind zwei bis fünf Jahre einzuplanen. Auch wenn Ihnen das sehr lang erscheint, lohnt sich der Aufwand, denn diese Beziehungen halten dann ein Leben lang. Lassen Sie sich vor dem ersten Besuch bei einem potenziellen Geschäftspartner unbedingt durch einen gemeinsamen Bekannten ankündigen. Besonders wichtig sind außerdem eine gründliche Marktanalyse und der Aufbau von Kontakten sowie eines Stabes qualifizierter und zuverlässiger Mitarbeiter. Der

111

japanische Markt ist zwar sehr profitabel, aber er will auch hartnäckig erobert werden.

»Wenn Sie einmal eine gute Geschäftsbeziehung aufgebaut haben, haben Sie den Kunden fürs Leben gewonnen. Das ist zweifellos positiv.«

▨ Inoffizielle Meetings

In informellen Treffen kann man Beziehungen weiter ausbauen und Geschäfte vorbereiten, ohne überhaupt darüber gesprochen zu haben. Seien Sie nicht zu direkt, sondern eher zurückhaltend. Da nach einem gemeinsamen Essen oft noch in eine Karaoke-Bar gewechselt wird, ist es empfehlenswert, ein kleines Repertoire an deutschen Liedern auswendig zu kennen.

▨ Geduld

Wollen Sie Verträge mit einer japanischen Firma abschließen, so sollten Sie nicht nur mit dem Topmanagement verhandeln, sondern auch das mittlere Management von Ihrem Produkt oder Projekt überzeugen. Neue Informationen werden zuerst intern verbreitet und besprochen, bevor Sie mit einem Fortgang der Verhandlungen rechnen können. Interne Veränderungen benötigen in Japan ebenfalls viel Zeit, da für wichtige Entscheidungen auf allen Ebenen ein Konsens erzielt werden muss.

»Was ich gelernt habe? – Geduld bewahren, langfristig denken und Gelassenheit. Man muss die Dinge viel gelassener angehen.«

▨ Informationen

Japan ist eine ausgeprägte Informationsgesellschaft. Japaner informieren sich sehr viel, und vor allem beim Aufbau einer Beziehung ist ihnen ein vollständiges Bild des Geschäftspartners sehr wichtig. Bereiten Sie sich daher gründlich auf die Fragen Ihres zukünftigen Geschäftspartners vor. Bringen Sie Unterlagen über Ihre Firma, deren Schwerpunkte und Entwicklung mit. Die Broschüren sollten auf Japanisch sein und viele Details, Zahlen und Diagramme enthalten.

Engagement

Japaner zeigen ein hohes Engagement für die Firma und arbeiten länger als Deutsche. Dringende Projekte werden unter großem Einsatz und mit zusätzlichen Überstunden fertig gestellt. Da die Arbeitsgruppe fast als Familie betrachtet wird, werden während der langen Arbeitszeiten allerdings auch die sozialen Beziehungen zu den Kollegen gepflegt.

»Die Arbeitsmoral in Japan ist außergewöhnlich. In Japan ist es egal, ob Sie einen Pförtner sehen oder ein Mädchen hinter der Theke, sie machen den Job immer hundertprozentig, auch wenn sie einen schlechten Tag haben.«

»Wenn ich abends noch lange arbeiten muss, dann bleibt ein Kollege quasi aus Solidarität mit da.«

»Mit wem ich meine Freizeit verbringe? Freizeit habe ich nicht!«

Die japanische Sprache

Japanischkenntnisse sind für den Zugang zum informellen Beziehungsnetzwerk in der Firma ungemein wichtig. Sie sollten daher keine Mühen scheuen, Japanisch zu lernen, und möglichst schon in Deutschland damit beginnen.

»Die Sprache ist das größte Problem. Der durchschnittliche Italiener spricht mehr Englisch als der Japaner.«

»Auf jeden Fall Japanisch lernen. Keine Ausreden, von wegen ›Ich bin beschäftigt, ich habe Kinder‹ und so weiter. Wirklich! Es gibt nur eins, und zwar Japanisch lernen. Und auch die Schrift!«

Implizite Kommunikation

In Japan ist es besonders wichtig, genau zuzuhören und auf die nonverbalen Signale des Gesprächspartners zu achten, da Japaner indirekter und mehrdeutiger kommunizieren als Deutsche. Um ihre Gedanken und Gefühle zu erschließen, benötigen Sie Einfühlungsvermögen und ein umfassendes Wissen über die jeweilige Person und Situation.

»Ich hab immer gedacht, na ja, so furchtbar deutsch bin ich ja nicht. Aber man merkt erst, wenn man so weit weg ist, in einer anderen Kultur, was eigentlich deutsche Kultur ist, was überhaupt deutsche Kommunikationsstrukturen sind.«

»Man muss als Manager die Balance schaffen zwischen Weichheit und Einfühlung und dem Treffen von Entscheidungen. Das ist eine der wichtigsten Erfahrungen, die ich in Japan gemacht habe.«

◼ Literaturempfehlungen

◼ Literatur zu Japan

Brannen, C.; Wilen, T. (1993): Doing business with Japanese men. A woman's handbook. Berkeley.

Coulmas, F. (2003): Die Kultur Japans. Tradition und Moderne. München.

Coulmas, F. (1998): Japan außer Kontrolle. Vom Musterknaben zum Problemkind. Darmstadt.

Coulmas, F. (1993): Das Land der rituellen Harmonie. Frankfurt a. M.

Dambmann, G. (1996): Gebrauchsanweisung für Japan. München.

Dirks, D. (1995): Japanisches Management in internationalen Unternehmen. Methodik interkultureller Organisation. Wiesbaden.

Gercik, P. (1995): Japan für Geschäftsleute. Ein Leitfaden für erfolgreiche Beziehungen. Frankfurt a. M.

Hall, E. T.; Hall, M. R. (1985): Verborgene Signale. Studien zur internationalen Kommunikation. Über den Umgang mit Japanern. Hamburg.

Lutterjohann, M. (1998): Kulturschock Japan. Bielefeld.

Menzel, U. (1989): Im Schatten des Siegers: Japan. Kultur und Gesellschaft, Bd. 1. Frankfurt a. M.

Moosmüller, A. (1997): Kulturen in Interaktion. Deutsche und US-amerikanische Firmenentsandte in Japan. Münster.

Rowland, D. (1996): Japan-Knigge für Manager. Frankfurt a. M.

Thomas, G.; Thomas, K. (2001): Reisegast in Japan. Fremde Kulturen verstehen und erleben. Dormagen.

◼ Literatur zu interkultureller Kommunikation

Bergemann, N.; Sourisseaux, A. L. J. (Hg.) (2003): Interkulturelles Management. Heidelberg.

Hall, E. T.; Hall, M. R. (1990): Understanding cultural differences. Yarmouth.

Hofstede, G. (1993): Interkulturelle Zusammenarbeit. Kultur, Organisation, Management. Wiesbaden.

Thomas, A.; Kinast, E.-U.; Schroll-Machl, S. (Hg.) (2005): Handbuch Interkulturelle Kommunikation und Kooperation. Bd. 1: Grundlagen und Praxisfelder. Göttingen, 2., überarb. Aufl.

Thomas, A.; Kammhuber, S.; Schroll-Machl, S. (Hg.) (2003): Handbuch Interkulturelle Kommunikation und Kooperation. Bd. 2: Länder, Kulturen und interkulturelle Berufstätigkeit. Göttingen.

◼ Internetadressen

http://www.dihkj.or.jp
(Deutsche Industrie- und Handelskammer in Japan)

http://www.djw.de
(Deutsch-Japanischer Wirtschaftskreis)

http://www.jetro.de
(Japan External Trade Organisation)

http://www.jdzb.de
(Japanisch-Deutsches Zentrum Berlin mit dem Adressbuch der deutsch-japanischen Zusammenarbeit)

http://www.embjapan.de
(Japanische Botschaft in Deutschland)

http://www.expatriation.biz
(Onlineportal für deutschsprachige Expatriates)

http://www.oag.jp
(Deutsche Gesellschaft für Natur- und Völkerkunde Ostasiens in Tokio)

http://www.japonet.de
(japanbezogene Adressen und Links für Deutschland)

http://www.japan-link.de
(aktuelle Nachrichten, Beiträge zu Kultur, Geschichte und Politik Japans)

149

■ Danksagung

An dieser Stelle möchten wir uns für die vielfache Unterstützung, die uns während der Entstehung dieses Buches zur Verfügung stand, bedanken. Zunächst sei die OAG (Deutsche Gesellschaft für Natur- und Völkerkunde Ostasien) genannt, die uns bei der Akquise deutscher Interviewpartner in Japan sehr hilfreich zur Seite stand. Außerdem möchten wir uns bei unseren Interviewpartnern bedanken, die uns die Grundlage für dieses Buch gaben. Auch unseren japanischen und deutschen Experten aus Wissenschaft und Praxis wollen wir unseren Dank aussprechen. Durch sie erhielten wir ein sehr umfangreiches und differenziertes Bild von der japanischen Kultur. Ein großes Dankeschön gilt auch unseren Betreuern der Diplomarbeit sowie unseren Familien und Freunden, die uns bei »Höhen- und Tiefflügen« zur Seite standen.

Interkulturelle Kompetenz

V&R

Christoph Barmeyer

**Taschenlexikon
Interkulturalität**

2012. 176 Seiten mit 13 Abb. und 5 Tab., kartoniert
ISBN 978-3-8252-3739-4

Auch als E-Book erhältlich
ISBN 978-3-8385-3739-9

Interkulturalität betrifft auch in Deutschland zunehmend mehr Menschen in einer sich »interkulturalisierenden« Welt, sei es aufgrund der Multikulturalisierung der deutschen Gesellschaft oder aufgrund der Internationalisierung deutscher Unternehmen.

Bei interkulturellen Kontakten erleben Menschen Gemeinsamkeiten, aber auch Unterschiede, die verstanden und gemeistert sein wollen. Deshalb gewinnt die Forschung hierzu zunehmend an Bedeutung.
Das Lexikon präzisiert prägnant und fundiert zentrale Begriffe und Konzepte, insbesondere zu Kommunikation und Lernen.

Kirsten Nazarkiewicz /
Gesa Krämer

**Handbuch
Interkulturelles
Coaching**

Konzepte, Methoden, Kompetenzen kulturreflexiver Begleitung

2012. 415 Seiten mit 39 Abb. und 24 Tab., gebunden
ISBN 978-3-525-40340-2

Auch als E-Book erhältlich
ISBN 978-3-647-40340-3

Interkulturelles Coaching von Fach- und Führungskräften ist heute gang und gäbe. Doch was ist damit wirklich gemeint? Das Handbuch erläutert Konzepte, Methoden und Kompetenzen, die man im Gepäck haben sollte, will man dem Anspruch, transkulturell zu arbeiten, gerecht werden. Zahlreiche Anregungen zur Reflexion und Prozessgestaltung, illustrierende Fallbeispiele und Hinweise auf weiterführende Literatur machen das Buch zu einer Fundgrube für Einsteiger und Fortgeschrittene.

Vandenhoeck & Ruprecht

Handlungskompetenz im Ausland

V&R

Auswahl. Weitere Bände und E-Books siehe unter www.v-r.de

Vandenhoeck & Ruprecht